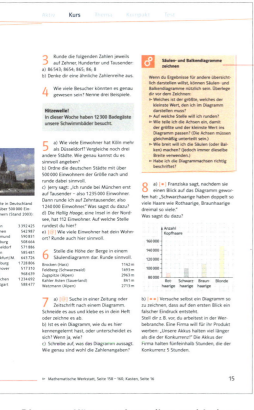

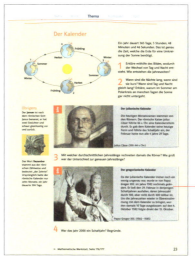

Auf der **Thema-Seite** wird das, was du bisher gelernt hast, rund um ein bestimmtes Thema behandelt. Oft erwarten dich hier auch fächerübergreifende Inhalte.

Infokästen geben dir interessante Hintergrundinformationen.

Am Ende jedes Kapitels kannst du auf der **Kompakt-Seite** noch einmal das Wichtigste im Überblick nachlesen.

Die roten **Kästen** zeigen dir verschiedene Tipps und Methoden die du brauchst, um Aufgaben zu lösen:

 Diskutieren, argumentieren und präsentieren.

 Eigene Wege finden, Ergebnisse vergleichen, Probleme lösen.

 Mathematische Modelle entwickeln und für die Problemlösung nutzen.

 Werkzeuge wie Geodreieck, Computer, Bücher u.a. verwenden.

In der **Mathematischen Werkstatt** findest du noch mehr Aufgaben und Zusammenfassungen zum Üben und Nachschlagen. Im ganzen Buch findest du **Querverweise** hierher.

Auf der **Test-Seite** kannst du dich für Klassenarbeiten fit machen und mithilfe der **Lösungen** deine Ergebnisse selbst kontrollieren. Die drei Spalten bieten dir Aufgaben mit unterschiedlichem Niveau: Du kannst selbst zwischen „einfach", „mittel" und „schwieriger" wählen. Je nachdem wie sicher du dich fühlst, kannst du auch von einer Spalte in eine andere wechseln. Wenn du einmal nicht mehr weiter weißt, bieten dir die Lösungen Hilfestellungen und Tipps.

mathe live

Mathematik für Sekundarstufe I

Sabine Kliemann
Regina Puscher
Sabine Segelken
Wolfram Schmidt
Rüdiger Vernay

Ernst Klett Verlag
Stuttgart · Leipzig

mathe live 5, Mathematik für Sekundarstufe I

Begleitmaterial:
Arbeitsheft (ISBN-10: 3-12-720314-4, ISBN-13: 978-3-12-720314-1)
Mathetrainer (ISBN-10: 3-12-114822-2, ISBN-13: 978-3-12-114822-6)

1. Auflage   1 $^{12\ 11\ 10}$ | 16 15 14

Alle Drucke dieser Auflage sind unverändert und können im Unterricht nebeneinander verwendet werden. Die letzten Zahlen bezeichnen jeweils die Auflage und das Jahr des Druckes.

Das Werk und seine Teile sind urheberrechtlich geschützt.
Jede Nutzung in anderen als den gesetzlich zugelassenen Fällen bedarf der vorherigen schriftlichen Einwilligung des Verlages. Hinweis zu § 52a UrhG: Weder das Werk noch seine Teile dürfen ohne eine solche Einwilligung eingescannt und in ein Netzwerk eingestellt werden. Dies gilt auch für Intranets von Schulen und sonstigen Bildungseinrichtungen. Fotomechanische oder andere Wiedergabeverfahren nur mit Genehmigung des Verlages.

© Ernst Klett Verlag GmbH, Stuttgart 2006.
Alle Rechte vorbehalten.
Internetadresse: www.klett.de

Autoren: Sabine Kliemann, Regina Puscher, Sabine Segelken, Wolfram Schmidt, Rüdiger Vernay
Am Gesamtwerk weiterhin beteiligt: Christel Emde, Heinz-Josef Pelzer, Uwe Schäfer
Redaktion: Sonja Orf, Martina Müller
Mediengestaltung: Ulrike Glauner

Zeichnungen/Illustrationen: Rudolf Hungreder, Leinfelden
Grundkonzeption Layout: KOMA AMOK, Stuttgart
Umschlaggestaltung: KOMA AMOK, Stuttgart
Umschlagfoto: Avenue Images GmbH (Stockbyte), Hamburg

Reproduktion: Meyle + Müller, Medien-Management, Pforzheim
DTP / Satz: topset, Nürtingen
Druck: Stürtz GmbH, Würzburg

Printed in Germany
ISBN: 978-3-12-720310-3

Kompetenzentwicklung im Mathematikunterricht

Ein Wort an die Lehrerinnen und Lehrer und interessierte Eltern

Die Kernlehrpläne betonen, dass eine umfassende mathematische Grundbildung nur dann erreicht wird, wenn neben den inhaltlichen (fachmathematischen) Kompetenzen auch personale und soziale Kompetenzen entwickelt werden. Diese werden unter dem Stichwort „prozessbezogene Kompetenzen" subsumiert.

Diese prozessbezogenen Kompetenzen können nicht isoliert behandelt und geübt werden, sondern entwickeln sich erst in der aktiven Auseinandersetzung mit konkreten inhaltlichen Fragen der Mathematik. Dies geschieht in hohem Maß vor allem auf den Aktiv-Seiten. Umgekehrt werden sich die inhaltsbezogenen Kompetenzen nur dann entfalten, wenn übergreifende, prozessbezogene Kompetenzen aktiviert werden können.

Deswegen sind in mathe live die inhalts- und die prozessbezogenen Kompetenzen eng miteinander verwoben. So werden in den Aufgaben immer wieder Fähigkeiten der vier prozessbezogenen Kompetenzbereiche aufgegriffen und geübt. Stellenweise wurden Kästen geschaffen, die die Schüler beim Erwerb von bestimmten prozessbezogenen Kompetenzen unterstützen sollen. Den Kästen ist jeweils ein Kompetenzbereich zugeordnet, der schwerpunktmäßig dort angesprochen wird. Ein umfassender Kompetenzerwerb ist jedoch nur durch wiederholten Umgang mit konkreten inhaltlichen Fragestellungen möglich.

Argumentieren und Kommunizieren	Problemlösen	Modellieren	Werkzeuge
Die Schülerinnen und Schüler …			
teilen mathematische Sachverhalte zutreffend und verständlich mit und nutzen sie als Begründung für Behauptungen und Schlussfolgerungen.	strukturieren und lösen inner- und außermathematische Problemsituationen, in denen ein Lösungsweg nicht unmittelbar erkennbar ist.	nutzen Mathematik als Werkzeug zum Erfassen von Phänomenen der realen Welt.	setzen klassische mathematische und elektronische Werkzeuge sowie Medien situationsangemessen ein.
Kap. 1: Seite 11	Kap. 1: Seite 16 und 22	Kap. 1: Seite 15	
Kap. 2: Seite 39		Kap. 2: Seite 35	Kap. 2: Seite 29
	Kap. 3: Seite 58		
	Kap. 5: Seite 101		Kap. 5: Seite 111
		Kap. 6: Seite 123	Kap. 6: Seite 127 und 133

Inhaltsverzeichnis

1 Wir lernen uns kennen

1.1	Fragen und Auswerten	8
	Strichlisten und Häufigkeiten	10
	Diagramme	12
	Runden und Darstellen von Zahlen	14
1.2	Wer ist am größten?	17
	Rangliste, Spannweite und Zentralwert	18
1.3	Happy birthday!	20
	Jahre, Monate und Tage	21
	Thema Der Kalender	23
	Kompakt	25
	Test	26

2 Wir teilen auf

2.1	Gerecht verteilen	28
	Bruchteile	30
2.2	Mit Brüchen spielen	36
	Brüche vergleichen	37
	Thema Mit Brüchen unterwegs	42
	Thema Zeichnen und Rechnen	44
	Kompakt	45
	Test	46

3 Wie kommen wir zu unseren Klassenkameraden?

3.1	Auf dem Stadtplan orientieren	48
	Stadtplan	50
	Koordinatensystem	51
3.2	Entfernungen ermitteln	52
	Längen	54
	Rechnen mit Längen	57
3.3	Fahrpläne benutzen	62
	Stunden, Minuten und Sekunden	64
	Zeitspannen und Zeitpunkte	66
3.4	Schulwege beschreiben und darstellen	68
	Weg-Zeit-Diagramm	69
	Thema Schulwege, Verkehrsmittel und Sicherheit	71
	Kompakt	73
	Test	74

4 Von Schachteln

4.1	Eckig, rund und spitz	76
	Körper	77
4.2	Alles ganz flach	80
	Körpernetze	81
4.3	Ab in die Kiste	84
	Parallel und senkrecht	85
4.4	Meine Figur hat vier Ecken	88
	Besondere Vierecke	89
4.5	Ansichtssache	91
	Schrägbilder	92
	Thema Somawürfel	94
	Kompakt	95
	Test	96

Inhaltsverzeichnis

5 Rund um Haustiere

5.1	Was kostet mein Haustier?	98
	Geld und Preise	100
	Vervielfachen und Teilen	
	von Geldbeträgen	103
5.2	Was frisst mein Haustier?	106
	Gewicht	108
5.3	Wie alt, wie schwer, wie schnell?	111
	Schätzen	112
5.4	Nachkommen von Katzen	114
	Potenzieren	115
	Thema Pferdehaltung	117
	Thema Ernährung von großen und kleinen Hunden	118
	Kompakt	119
	Test	120

6 Von Blüten, Blättern und Schneckenhäusern

6.1	Blätter und Blüten	122
	Achsensymmetrie	123
	Achsensymmetrische Zeichnungen	125
6.2	Bandornamente	129
	Parallelverschiebung	130
6.3	Hier dreht sich alles	132
	Punktsymmetrie	133
6.4	Schneckenhäuser, Tannenzapfen und andere Spiralen	135
	Zeichnen von Spiralen	136
	Thema Meerestiere	137
	Kompakt	139
	Test	140

Mathematische Reisen

Wir entdecken unsere Zahlen	141
Am Anfang war die Kerbe	142
Mit den Babyloniern fing es an	144
Wo es heute noch römische Zahlen gibt	146
Vom Linienbrett zum schriftlichen Rechnen	48
Von Rechenstäben zur schriftlichen Multiplikation	150
Multiplizieren mit den Fingern	152
Zahlenfolgen	153
Zauberquadrate	154
Würfelspiele	156

Mathematische Werkstatt

Ziffern und Zahlen	158
Addieren und Subtrahieren	161
Schriftliche Strichrechnung	164
Multiplizieren und Dividieren	168
Punktrechnung und Strichrechnung	172
Schriftliche Punktrechnung	176
Punkte, Strecken und Geraden	181
Lösungen zu den Tests	184
Stichwortverzeichnis	193

Wir lernen uns kennen

Nun seid ihr in einer neuen Klasse.
Neues ist immer spannend und will
erforscht und erfragt werden.

Kennt ihr euch schon?
Was wisst ihr voneinander?
Welche Hobbys habt ihr?
Von welchen Grundschulen kommt ihr?
Wer ist am größten, wer am kleinsten?
Wer ist am ältesten, wer am jüngsten?
Wer hat wann Geburtstag?

Yvonne 22.1
Gabi 27.2
Alex 4.3
Eva 17.3
Ines 2.4

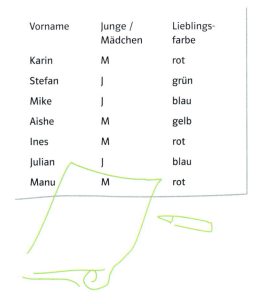

Vorname	Junge / Mädchen	Lieblingsfarbe
Karin	M	rot
Stefan	J	grün
Mike	J	blau
Aishe	M	gelb
Ines	M	rot
Julian	J	blau
Manu	M	rot

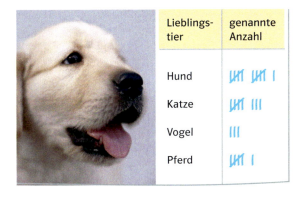

Lieblingstier	genannte Anzahl
Hund	⊞ ⊞ I
Katze	⊞ III
Vogel	III
Pferd	⊞ I

In diesem Kapitel lernt ihr,

▷ wie man Fragen aufstellt und Fragebögen entwirft.
▷ wie man Ergebnisse von Befragungen auswertet und übersichtlich darstellt.
▷ wie man Schaubilder zeichnet und liest.
▷ wie man Daten ordnet und vergleicht.
▷ wie man Zahlen rundet.

1.1   Aktiv   Kurs   Thema   Kompakt   Test

Fragen und Auswerten

1 Du hast bestimmt schon einmal bei deinen Freundinnen und Freunden einen Steckbrief von dir ausgefüllt. Überlege, was dich an deiner neuen Klasse interessiert.

Steckbrief

Name
Vorname
Geburtstag
Wohnort
Lieblingsessen
Lieblingsband

Vorlieben für:
Lieblingsessen
Lieblingsgetränk
Lieblingband
Lieblingstier
Lieblingsfarbe
Lieblingssendung

2 **Befragung**
[👥] Die Schülerinnen und Schüler der Klasse 5a wollen mehr über sich erfahren, sie haben dazu einen Fragebogen entwickelt.

Fragebogen

Name: _____
Vorname: **Karin**
Junge ○   Mädchen ○
Welche ist deine Lieblingsfarbe?
_____
Welches ist dein Lieblingstier?
_____
Kannst du schwimmen?
Ja ○   Nein ○
Bist du Rechts- oder Linkshänder?
_____

Wie lange brauchst du morgens für den Schulweg? _____ Minuten.
Was ist deine Lieblingssportart?
_____
Wie viele Geschwister hast du?
keine   ○
eine Schwester oder einen Bruder   ○
zwei Geschwister   ○
drei Geschwister   ○
mehr als drei Geschwister   ○

Sind das auch eure Fragen? Formuliert eure eigenen Fragen und entwerft einen Fragebogen. Überlegt, worauf ihr dabei achten müsst. Denkt dabei auch schon an die Auswertung! Besprecht gemeinsam eure Vorgehensweise bei der Befragung.

Aktiv Kurs Thema Kompakt Test

Unsere Lieblingsfarbe

rot	⊮
blau	⊮ III
grün	⊮ III
gelb	II
andere	IIII

Auf Seite 11 findest du Tipps zum Präsentieren

Auswertung

3 [👥] Schreibt die Antworten eurer Befragung in eine Liste.

Sammelt man die Ergebnisse einer Befragung in einer Liste, nennt man diese die **Urliste**.

4 [👥] Überlegt, wie ihr den Fragebogen auswerten könnt. Teilt die Arbeit untereinander auf.

Darstellung

5 [👥✏] Die Ergebnisse sollen nun auch noch schön und übersichtlich dargestellt werden. Vorschlag: Fertigt ein Plakat an, das die Auswertung zu einem Einzelergebnis eurer Befragung zeigt. Stellt euch eure Ergebnisse gegenseitig vor.

Entfernung der Wohnorte zur Schule

Holdenstedt	7 km
Oldenstadt	2 km
Westerweyhe	5 km
Groß Liedern	3 km

6 Die Klasse 5a hat eine Checkliste für ihre Plakate erstellt. Fällt dir noch etwas ein, was für ein Plakat wichtig ist? Sieh dir dazu Plakate an!

Checkliste

Unser Plakat hat:
- eine Überschrift
- eine übersichtliche Anordnung
- eine Grafik, die das Ergebnis darstellt
- eine schöne Gestaltung
- einen Satz am Ende, der die Informationen zusammenfasst
- die Namen der Kinder, die das Plakat erstellt haben

Aktiv **Kurs** Thema Kompakt Test

Strichlisten und Häufigkeiten

Sportart	Strichliste	Anzahl
Fußball	||||		6
Basketball	||	2
Schwimmen			1
Tischtennis	||	2
Inlineskaten	|||	3

Welches sind eure Lieblingssportarten?

Aus dem Durcheinander der vielen Zettel erhältst du natürlich keine Antwort. Dazu kannst du die einzelnen Antworten in eine Liste eintragen und anschließend die Anzahl bestimmen.

Tipp
Damit die Liste übersichtlich bleibt, wird jeder fünfte Strich quer gesetzt. ||||

Strichlisten verwendet man zum Zählen. Sie sind Tabellen, in denen man z. B. durch Striche markiert, wie viele Kinder die Sportart gewählt haben.
Die Anzahl der Striche gibt an, wie **häufig** eine Sportart gewählt wurde. Die Zahlenübersicht nennt man **Häufigkeitstabelle**.

1 [👥] Wertet einige Fragen aus eurem Fragebogen, nach Mädchen und Jungen getrennt, aus.
a) Mögen Mädchen andere Sportarten als Jungen?

Sportart	Strichliste	
	Mädchen	Jungen
Schwimmen		
…		

Tipp
Nur ein- oder zweimal genannte Antworten fasst man häufig unter „Sonstiges" zusammen.

b) Welche Lieblingstiere haben Mädchen und Jungen?

Lieblingstier	Strichliste	
	Mädchen	Jungen
Pferd		
…		

c) Stellt weitere Fragen aus eurem Fragebogen in Tabellen dar.

2 Michael und Mareike haben einige Mitschülerinnen und Mitschüler befragt, welche Getränke in der großen Pause verkauft werden sollen. Die Antworten haben sie in einer Strichliste festgehalten.

	Klasse 5/6	Klasse 7/8	Klasse 9/10
Milch	|||| |||| |||| |||	|||	||
Säfte	|||| |||| |||| |||	|||| |||	|||| |||| ||
Mineralwasser	||||	|||	|||| |||

a) Welche Ergebnisse liest du ab?
b) [●] Farid sagt: „Ich glaube nicht, dass diese Befragung die Meinung unserer Schule wiedergibt."
Was meinst du? Begründe!

Strichlisten aus der Steinzeit

Die Notwendigkeit, sich Klarheit über die Anzahl der Tiere in der Herde oder die Zahl der vergangenen Tage zu verschaffen, begann mit der frühesten Geschichte der Menschheit in der Steinzeit vor über 20 000 Jahren.
▷ Kannst du die Strichliste der Steinzeitmenschen erkennen?

Aktiv **Kurs** Thema Kompakt Test

	Jutta	Klaus
Jungen	|||| ||	||||	
Mädchen	||||		|||| |||

3 Jutta und Klaus waren bei der Klassensprecherwahl aufgestellt. Die Stimmen der Jungen und der Mädchen wurden getrennt aufgeschrieben.
Was kannst du aus der Strichliste ablesen?

4 Die Strichliste zählt die Zeiten auf, welche die Schülerinnen und Schüler für ihr Hobby in einer Woche aufwenden.

Zeit für mein Hobby	Anzahl der Schüler
bis zu 15 Minuten	||
30 Minuten	|||| |||| |||
45 Minuten	|||
60 Minuten	||||
90 Minuten	|||
mehr als 90 Minuten	|||

Bestimme die Häufigkeiten für Schüler, die
a) wöchentlich höchstens 30 Minuten Zeit für ihr Hobby haben.
b) mehr als 1 Stunde pro Woche für ihr Hobby haben.
c) mehr als 30 und weniger als 90 Minuten in der Woche für ihr Hobby haben.
d) [] Erstellt eine Befragung mit Zeitangaben und präsentiert sie der Klasse.

Drei Tipps zum Präsentieren

Wenn du anderen die Ergebnisse deiner Auswertung vorstellen willst, brücksichtige folgende drei Tipps:
▷ Nenne dein Thema. Was ist die genaue Fragestellung und welche Antwortmöglichkeiten gibt es?
▷ Veranschauliche dein Ergebnis mit einem Bild (vgl. Checkliste Seite 9).
▷ Zum Abschluss fasse dein Ergebnis mit einem Satz zusammen.

---

5 Eva hat aus allen fünften Klassen jeweils 10 Schülerinnen oder Schüler nach ihrem Lieblingsessen befragt:

	5.1	5.2	5.3	5.4
Pizza	|||	||	||||		
Baguettes	||	||			|||
Würstchen					||
Pommes frites			||			
Spagetti					||	||
Milchreis		||			
Hähnchen	||				
Salate						
alles					

a) Welches ist das Lieblingsessen der neuen Schülerinnen und Schüler? Erstelle eine Häufigkeitstabelle.
b) Vergleiche die Ergebnisse der einzelnen Klassen miteinander. Wo sind Gemeinsamkeiten, wo die Unterschiede?
c) [●] Vergleiche die Liste mit dem Zeitungsartikel. Was stellst du fest?

Von 100 Kindern essen gerne ...

Spagetti mit Tomatensauce	63	Hähnchen	27
Milchreis	47	Gemüseauflauf	23
Fischstäbchen	38	Pizza	22
Pommes frites	32	Salat	19
Würstchen	27	Pfannkuchen	17

---

6 Vera und Kosta haben in einer Strichliste den Straßenverkehr von 10 Minuten erfasst.

Pkw																		
Lkw								
Motorräder							
Motorroller										
Fahrräder														

a) Wie viele Zweiräder haben sie gezählt?
b) Erstelle dazu ein Schaubild.
c) [●] Wie viele Fahrzeuge würden bei diesem Verkehr in einer Stunde vorbeifahren?

11

Diagramme

Auf dem Kennenlernfest der Klasse 5b wurden Luftballons aufgeblasen.
Wie könnte man die Tabelle anschaulich darstellen?

Farbe	Strichliste	Häufigkeit
rot	ЖII IIII	9
blau	ЖII I	6
gelb	III	3
grün	ЖII I	6
lila	IIII	4

Zahlen lassen sich mithilfe von **Diagrammen** übersichtlich darstellen.

Die Farben der Luftballons

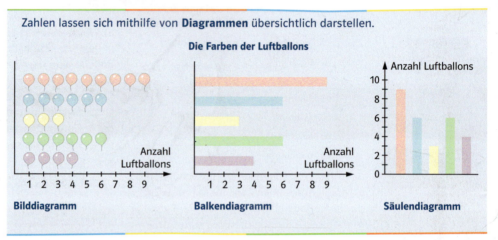

Bilddiagramm — Balkendiagramm — Säulendiagramm

Beispiel
In einer 5. Klasse wird das Alter der Schülerinnen und Schüler festgestellt:
12 Kinder sind 10 Jahre, 10 Kinder sind 11 Jahre, 6 Kinder sind 12 Jahre.
Hierzu wird ein Balkendiagramm (1 Kästchen pro Kind) gezeichnet.

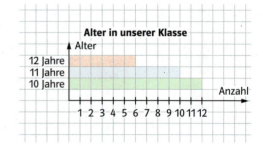

1 Zeichne ein Balken- oder ein Säulendiagramm zu den Lieblingsfächern der Klasse 5.5.

Fach	Sport	Deutsch	Mathe	Musik	Kunst	andere
Anzahl	8	4	7	3	4	2

2 In einer 5. Klasse sind 31 Schülerinnen und Schüler. Davon sind 12 Kinder 10 Jahre alt, 14 Kinder sind 11 Jahre alt, der Rest ist schon 12 Jahre alt.
Zeichne ein Balkendiagramm.
(Hinweis: Zeichne 1 Kästchen pro Kind.)

Aktiv **Kurs** Thema Kompakt Test

3 Die meisten Kinder der Klasse 5.4 sind in Sportvereinen aktiv: 5 spielen Fußball, 4 turnen, 7 spielen Volleyball, 3 spielen Badminton und 2 schwimmen. Ergänze das Säulendiagramm in deinem Heft.

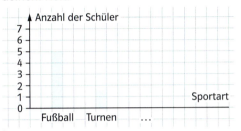

4 Das Diagramm zeigt die Anzahl der Geschwister in einer 5. Klasse.

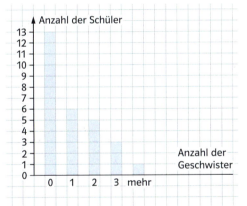

a) Wie viele Schülerinnen und Schüler sind keine Einzelkinder?
b) Wie viele Schülerinnen und Schüler sind zu Hause mindestens drei Kinder?
c) [●] In den 5. und 6. Klassen einer Schule haben insgesamt 81 Kinder keine Geschwister, 116 Kinder ein Geschwisterkind, 45 zwei, 18 drei und 6 mehr als 3 Geschwister. Stelle diese Daten in einem Diagramm dar.

5 [●] Bäume können sehr alt werden – einige Daten findest du links.
a) Eine Angabe passt nicht so recht in die Reihe. Warum?
b) Zeichne ein geeignetes Diagramm zu den Daten. Was ist dabei schwierig?

6 Vor einer Fahrradtour wurden die Fahrräder der Klasse 5 b von der Polizei auf ihre Verkehrssicherheit überprüft. Dabei wurden fehlende und defekte Teile beanstandet:

Glocke	⫽⫽⫽⫽ ⫽⫽⫽⫽ ll
Bremsen	llll
Bereifung	ll
Beleuchtung	⫽⫽⫽⫽ llll
Reflektoren	llll

Zeichne ein Säulendiagramm.

7 **Schnell, schneller, am schnellsten!**

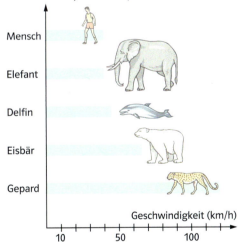

a) Erläutere dieses Diagramm.
b) Um wie viel Kilometer pro Stunde ist der Gepard schneller als der Mensch?
c) Wer kann schneller als 60 km/h laufen?
d) Welche Tiere wären in dieses Diagramm schwierig einzuzeichnen?

Übrigens
In Deutschland gibt es zurzeit im Durchschnitt 1,4 Kinder pro Familie.

So alt können diese Bäume werden:

Birne	300 Jahre
Kirsche	400 Jahre
Kiefer	500 Jahre
Rotbuche	871 Jahre
Linde	1900 Jahre

▷ Weißt du, wie man das Alter von Bäumen bestimmen kann?

▷ Kasten, Seite 15

Aktiv **Kurs** Thema Kompakt Test

Runden und Darstellen von Zahlen

Schülerzeitung: 1000 Besucher beim diesjährigen Schulfest

Volkszählung: Dortmund hat 590 831 Einwohner.

In der Zeitung steht: 78 000 Zuschauer waren beim Heimspiel des BVB.

Der Stadionsprecher meldet: Der BVB Dortmund begrüßt 78 348 Zuschauer.

Im Lexikon steht: Einwohnerzahl von Dortmund: 590 000

Offizielle Angabe: 987 Besucher beim Schulfest 2006

Was meinst du?

Nicht immer ist es sinnvoll oder notwendig genaue Zahlen anzugeben, oft genügen **gerundete** Angaben. Solche Zahlen kann man schneller vergleichen und sich besser merken.

Übrigens
Das Zeichen ≈ bedeutet „ungefähr".
76 392 ≈ 76 400

Man kann auf Zehner, Hunderter, Tausender usw. runden. Die **Rundungsstelle** legt man vor dem Runden fest.
Beispiel 1: Runden auf Zehner

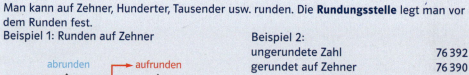

Beispiel 2:
ungerundete Zahl	76 392
gerundet auf Zehner	76 390
Hunderter	76 400
Tausender	76 000
Zehntausender	80 000
Hunderttausender	100 000

Betrachte die Ziffer nach der Rundungsstelle: Steht dort eine 0; 1; 2; 3 oder 4, wird **abgerundet**. Steht dort eine 5; 6; 7; 8 oder 9, wird **aufgerundet**.

1 So viele Schüler besuchten 2005 in Nordrhein-Westfalen die verschiedenen Schularten.

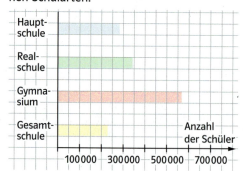

Lies die Zahlen ab. Auf welche Rundungsstelle genau kannst du ablesen?

2 Der längste Fluss der Erde ist der Nil mit 6671 km. Verglichen damit sind die Flüsse in Deutschland kurz. Zeichne ein Balkendiagramm für folgende Flusslängen:
Mosel	545 km	Weser	440 km
Main	524 km	Donau	2850 km
Elbe	1165 km	Rhein	1320 km

Überlege:
– Wie lang ist der längste Fluss?
– Auf welche Stelle willst du runden?
– Welche Einteilung wählst du auf der Achse für die Längen?
– Wie lang wird dann der Balken für den längsten Fluss? Ist das so sinnvoll oder musst du die Achseneinteilung noch einmal überdenken?

14 ▷ Mathematische Werkstatt, Seite 158 – 160; Kasten, Seite 15 und 16

Aktiv **Kurs** Thema Kompakt Test

3 Runde die folgenden Zahlen jeweils auf Zehner, Hunderter und Tausender:
a) 86 543; 8654; 865; 86; 8
b) Denke dir eine ähnliche Zahlenreihe aus.

4 Wie viele Besucher könnten es genau gewesen sein? Nenne drei Beispiele.

Hitzewelle!
In dieser Woche haben 12 300 Badegäste unsere Schwimmbäder besucht.

5 a) Wie viele Einwohner hat Köln mehr als Düsseldorf? Vergleiche noch drei andere Städte. Wie genau kannst du es sinnvoll angeben?
b) Ordne die deutschen Städte mit über 500 000 Einwohnern der Größe nach und runde dabei sinnvoll.
c) Jerry sagt: „Ich runde bei München erst auf Tausender – also 1 235 000 Einwohner. Dann runde ich auf Zehntausender, also 1 240 000 Einwohner." Was sagst du dazu?
d) Die *Hallig Hooge*, eine Insel in der Nordsee, hat 112 Einwohner. Auf welche Stelle rundest du hier?
e) [@] Wie viele Einwohner hat dein Wohnort? Runde auch hier sinnvoll.

6 Stelle die Höhe der Berge in einem Säulendiagramm dar. Runde sinnvoll.

Brocken (Harz)	1142 m
Feldberg (Schwarzwald)	1493 m
Zugspitze (Alpen)	2963 m
Kahler Asten (Sauerland)	841 m
Watzmann (Alpen)	2713 m

7 a) [@] Suche in einer Zeitung oder Zeitschrift nach einem Diagramm. Schneide es aus und klebe es in dein Heft oder zeichne es ab.
b) Ist es ein Diagramm, wie du es hier kennengelernt hast, oder unterscheidet es sich? Wenn ja, wie?
c) Schreibe auf, was das Diagramm aussagt. Wie genau sind wohl die Zahlenangaben?

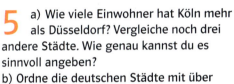

Städte in Deutschland mit über 500 000 Einwohnern (Stand 2003):

Berlin	3 392 425
Bremen	542 987
Dortmund	590 831
Duisburg	508 664
Düsseldorf	571 886
Essen	585 481
Frankfurt/M.	643 726
Hamburg	1 728 806
Hannover	517 310
Köln	968 639
München	1 234 692
Stuttgart	588 477

Säulen- und Balkendiagramme zeichnen

Wenn du Ergebnisse für andere übersichtlich darstellen willst, können Säulen- und Balkendiagramme nützlich sein. Überlege dir vor dem Zeichnen:
▷ Welches ist der größte, welches der kleinste Wert, den ich im Diagramm darstellen muss?
▷ Auf welche Stelle will ich runden?
▷ Wie teile ich die Achsen ein, damit der größte und der kleinste Wert ins Diagramm passen? (Die Achsen müssen gleichmäßig unterteilt sein.)
▷ Wie breit will ich die Säulen (oder Balken) machen? (Jedoch immer dieselbe Breite verwenden.)
▷ Habe ich die Diagrammachsen richtig beschriftet?

8 a) [●] Franziska sagt, nachdem sie einen Blick auf das Diagramm geworfen hat: „Schwarzhaarige haben doppelt so viele Haare wie Rothaarige, Braunhaarige dreimal so viele."
Was sagst du dazu?

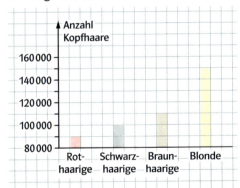

b) [●●] Versuche selbst ein Diagramm so zu zeichnen, dass auf den ersten Blick ein falscher Eindruck entsteht.
Stell dir z. B. vor, du arbeitest in der Werbebranche. Eine Firma will für ihr Produkt werben: „Unsere Akkus halten viel länger als die der Konkurrenz!" Die Akkus der Firma halten fünfeinhalb Stunden, die der Konkurrenz 5 Stunden.

▷ Mathematische Werkstatt, Seite 158 – 160; Kasten, Seite 16

Aktiv **Kurs** Thema Kompakt Test

9 [✂] Zeichne einen 60 cm langen Zahlenstrahl. Klebe dazu mehrere Blatt Papier aneinander. Wähle 1 cm für 100 Millionen km. Runde, wo nötig, auf 10 Millionen. Trage die Entfernungen der Planeten ein, die Sonne ist am Anfang des Zahlenstrahls.

Sonne – Merkur	58 Millionen km
Sonne – Venus	108 Millionen km
Sonne – Erde	150 Millionen km
Sonne – Mars	228 Millionen km
Sonne – Jupiter	778 Millionen km
Sonne – Saturn	1427 Millionen km
Sonne – Uranus	2870 Millionen km
Sonne – Neptun	4496 Millionen km
Sonne – Pluto	5900 Millionen km

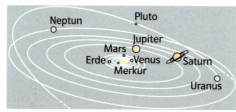

Runden von Zahlen

Runden von Zahlen ist sinnvoll, wenn man …
▷ nur einen Überblick über Größenordnungen braucht.
▷ gar keine sinnvollen genauen Angaben machen kann.
▷ Rechenergebnisse im Alltag schnell abschätzen will.
▷ Rechenergebnisse schnell im Kopf überprüfen will.

10 [●] Tobias hat bei der Rechnung 48 · 39 als Ergebnis 2072 herausbekommen. Fabian sagt: „Das kann nicht stimmen, das Ergebnis liegt unter 2000." Wie kommt er zu seiner Aussage?

11 Schätze das Ergebnis.
a) 12 435 + 47 213 b) 86 982 – 45 273
c) Wie weit ist das exakte Ergebnis von deiner Schätzung entfernt?

Runden im Alltag

12 Mathis hat für die Familie eingekauft. Er hat 10 Euro mitgenommen. In seinem Einkaufskorb liegen Eier (1,69 €), 2 Liter Milch (1 Liter kostet 0,89 €), Käse (2,38 €) und Pflaster (2,99 €).
Kurz vor der Kasse überlegt er, ob er seiner Schwester noch eine Zeitschrift für 1,90 € mitbringen kann.
Wie kann er sich schnell entscheiden?

13 Schätze ab, wie viel du bezahlen musst:

a)
1,09 €
2,45 €
1,98 €
4,18 €

b)
0,78 €
1,29 €
2,49 €
0,69 €
3,27 €

c)
1,29 €
6,48 €
2,17 €
1,39 €
5,69 €

14 Damit man auf einem Straßenatlas die Entfernungen zwischen den Orten ablesen kann, werden bestimmte Stellen markiert. Die Entfernung dazwischen wird in Kilometer angegeben.

Miriam fährt mit ihrer Mutter von Dortmund nach München. Sie liest folgende Streckenlängen aus der Autobahnkarte ab:
57 km; 191 km; 52 km; 18 km; 74 km; 23 km; 83 km; 7 km; 7 km; 105 km; 30 km; 10 km
Schätze die Länge der Strecke. Wie weit weicht deine Schätzung vom exakten Ergebnis ab?

15 a) Tom sagt: „Mein Zug fährt etwa um 16.10 Uhr." Inwiefern könnte es für Tom problematisch werden?
b) Gib andere Beispiele an, bei denen man Zahlen nicht runden darf.

16 ▷ Mathematische Werkstatt, Seite 158 – 160

1.2

Aktiv · Kurs · Thema · Kompakt · Test

Wer ist am größten?

1 [👥 ✂] Klebt Papierblätter übereinander an eine Wand in eurem Klassenzimmer und markiert die Größen aller Kinder darauf. Schreibt jeweils Name und Größe an die Markierungslinie.

Körpergrößen der Klasse 5.3

153
152 – Yasmin
151
150 –
149 – Alex
148
147
146
145
144 – Kosta
143 – Florian, Bernd
142 – Gabi, Sebastian
141 – Robert, Ulrike, Patrick
140 – Anke
139 – Anja, Wiebke, Lisa, Peter
138 – Isabella Nora, Mike
137 – Ines, Yvonne
136 – Natascha, Sascha, Aishe
135 – Eva, Stefanie
134
133
132 – Stefan
131
130 – Ahmed
129
128 – Karin
127

Größe	Fußlänge bis (cm)
28	17,4
29	18,1
30	18,7
31	19,4
32	20,1
33	20,7
34	21,4
35	22,1
36	22,7
37	23,4
38	24,1

2 *Wer ist größer – die Jungen oder die Mädchen?*

Die größte Schülerin ist _____   In der Mitte von allen ist _____
Der größte Schüler ist _____   Der „mittlere" Junge ist _____
Die kleinste Schülerin ist _____ Das „mittlere" Mädchen ist _____
Der kleinste Schüler ist _____

3 [👥] Nicht nur die Körpergröße könnt ihr vergleichen, es gibt noch viele andere Maße: Schuhgröße, Kleidungsgröße, Kopfumfang, Fußlänge, Taillenweite, Puls, … Vielleicht fallen euch noch andere, auch ungewöhnliche Maße ein. Messt euch gegenseitig und überlegt, wie ihr die Daten ordnen könnt. Wofür werden die verschiedenen Maße benötigt?

4 Wie viele Zentimeter ist Ines größer als Karin und kleiner als Yasmin? Vergleiche den Unterschied vom größten Mädchen zum kleinsten Mädchen und vom größten Jungen zum kleinsten Jungen. Wie weit sind die größten, wie weit die kleinsten jeweils von den in der Mitte liegenden Mädchen bzw. Jungen entfernt? Suche selbst Vergleichsmöglichkeiten.

17

Rangliste, Spannweite und Zentralwert

Ansprache zum Schulbeginn
Da sitzt ihr nun alphabetisch oder der Größe nach sortiert zum ersten Mal auf diesen harten Bänken ...
— Erich Kästner

Leon 149 cm   Mario 145 cm   John 157 cm   Jan 147 cm   Sven 142 cm

Berechne den Größenunterschied zwischen John und Leon. Wie groß ist der Unterschied der beiden zu Mario?

Die Differenz zwischen dem größten und dem kleinsten Wert ist die **Spannweite**.

Wenn man die Ergebnisse einer Befragung oder Messung der Größe nach ordnet, spricht man von einer **Rangliste**.

In einer Rangliste stehen rechts und links vom **Zentralwert** gleich viele Werte, er ist also die Mitte der Liste.

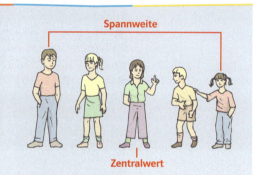

Übrigens
Der Zentralwert wird auch **Median** genannt.

Beispiel
Wenn bei einer Rangliste die Anzahl der Werte gerade ist, berechnet man als Zentralwert die Mitte zwischen den beiden mittleren Zahlen.

Name	Größe
Peter	138 cm
Beate	141 cm
Eleni	141 cm
Kosta	145 cm
Matthias	147 cm
Heike	149 cm

Zentralwert: 141 cm + 145 cm = 286 cm   286 cm : 2 = 143 cm

---

1 Fünf Kinder haben sich gewogen: 43 kg; 33 kg; 47 kg; 37 kg; 41 kg. Erstelle die Rangliste und bestimme dann
a) den größten und kleinsten Wert
b) die Spannweite
c) den Zentralwert.
d) Vergleiche deine Ergebnisse mit deinem Nachbarn/deiner Nachbarin.

2 Sieben Kinder haben sich gewogen: 38 kg; 39 kg; 34 kg; 44 kg; 43 kg; 37 kg; 46 kg. Erstelle die Rangliste und bestimme
a) den größten und kleinsten Wert
b) die Spannweite
c) den Zentralwert.
d) Was ändert sich, wenn ein achter Wert mit 40 kg dazu kommt?

D Deutschland
F Frankreich
I Italien
TR Türkei
E Spanien
GB Großbritannien

3 In den europäischen Ländern sind die Schulferien nicht gleich lang.

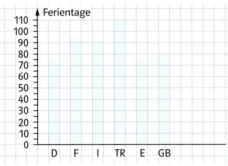

a) Lies die Anzahl der Ferientage der einzelnen Länder ab und ordne die Länder nach der Anzahl der Ferientage.
b) Wer hat die meisten, wer die wenigsten Ferientage?
Berechne den Unterschied.
c) Berechne den Zentralwert.
Wie viele Tage hat Deutschland weniger und Frankreich mehr?

4 Eine Tischgruppe mit sechs Kindern hat ihren Schulranzen gewogen.
Sie beschreibt ihr Ergebnis der Klasse so:
„Der schwerste Ranzen ist 5,4 kg schwer. Die Spannweite ist 2 kg und der Zentralwert ist 4,2 kg."
a) Wie schwer können die anderen fünf Schulranzen gewesen sein? Schreibe zwei mögliche Ranglisten auf.

b) [👥 ✂] Bildet eine Gruppe mit sechs Kindern, wiegt eure Schulranzen und vergleicht.

Übrigens
Eine Empfehlung besagt: Schulranzengewicht nicht mehr als Körpergewicht geteilt durch 10!
▷ Überprüfe bei deinem Schulranzen!

5 [●] Für die Schulwettkämpfe wurden drei Mädchen mit den besten Weitsprungergebnissen ausgewählt:
Clara: 3,14 m; 3,12 m; 3,04 m
3,12 m; 3,08 m; 3,06 m
Joana: ungültig; 3,07 m; 2,93 m
3,26 m; 3,35 m; ungültig
Aishe: 2,98 m; 3,16 m; 3,08 m
3,27 m; ungültig; 3,29 m

a) Wen sollte die Trainerin deiner Meinung nach aussuchen, wenn sie nur ein Mädchen zu den Wettkämpfen schicken kann?
b) Was könnten die Mädchen jeweils als Argument für sich anführen?
c) [●●] Wenn Joana beim letzten Sprung nicht knapp übertreten hätte, hätte sie den besten Zentralwert gehabt. Wie weit war der Sprung mindestens?

6 Weiten beim Schlagballwurf der Klasse 5 d:

Mädchen	Jungen
23 m; 17 m; 30 m; 14 m; 15 m; 32 m; 12 m; 21 m; 29 m; 26 m; 22 m	19 m; 20 m; 28 m; 32 m; 23 m; 11 m; 27 m; 12 m; 16 m; 15 m; 21 m; 9 m; 38 m; 39 m; 18 m; 34 m; 40 m

a) Ordne getrennt nach Mädchen und Jungen die Weiten.
b) Bestimme bei den Mädchen und Jungen die größte und die kleinste Weite. Berechne jeweils den Unterschied.
c) Welche Weite liegt bei den Mädchen und welche bei den Jungen in der Mitte?
d) [●] Welche Gruppe war deiner Meinung nach die bessere? Begründe.

▷ Mathematische Werkstatt, Seite 161/162

1.3 Aktiv   Kurs   Thema   Kompakt   Test

Happy birthday!

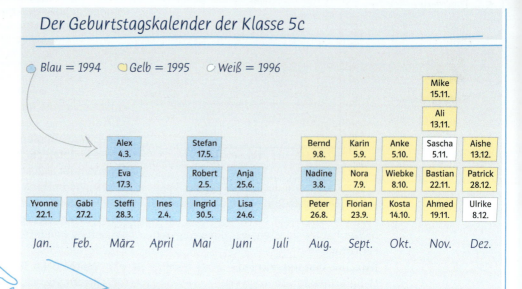

Der Geburtstagskalender der Klasse 5c

Blau = 1994   Gelb = 1995   Weiß = 1996

Alex
4.3.1994

1 [👥 ✂ ✏] Erstellt von eurer Klasse einen Geburtstagskalender.
Dazu schreibt jeder seinen Namen und sein Geburtsdatum auf einen Zettel.
Dann ordnet ihr diese nach den Geburtsmonaten.

2 Sind die im Januar Geborenen auch die Ältesten und die im Dezember Geborenen die Jüngsten?

3 Wer ist in eurer Klasse am jüngsten, wer ist am ältesten?
Wer ist das älteste Mädchen, wer ist der älteste Junge?
Wie viele Tage bist du älter als der Jüngste in deiner Klasse?

Tipp
Geburtsdaten ordnet man am besten „von hinten nach vorne", d. h.: erst ordnet man nach dem Geburtsjahr, dann nach dem Geburtsmonat und zum Schluss nach dem Geburtstag.

4 Rechne mit den Daten im Geburtstagskalender der Klasse 5c:
– Wie viele Tage ist Anke älter als Wiebke?
– Wie viele Tage ist Florian älter als Kosta?
– Wie viele Tage ist Nadine jünger als Robert? Suche selbst Altersvergleiche.
Wie berechnest du den Altersunterschied?

5 Markus ist am 2. August 1995 geboren, Nicole am 12. April 1996, Sascha am 3. September 1995 und Gülsen am 17. November 1995.
Wie alt sind die Kinder am 15.9.2006?
Überlege, wer in dem Jahr schon Geburtstag hatte und wer noch nicht.

6 [●] Überlege, wie du bei solchen Aufgaben rechnen könntest.

Die Klasse 5c ist zusammen über 300 Jahre alt.

Familie Müller feierte gestern ihren 100. Geburtstag.

Peter ist schon über 4000 Tage alt.

Wie sieht es in deiner Klasse aus? Wie alt seid ihr zusammen?
Wie alt ist deine Familie zusammen? Könnt ihr auch schon auf 100 Jahre zurückblicken?

20

Jahre, Monate und Tage

	Januar	**Februar**	**März**
Mo	4 11 18 25	1 8 15 22	1 8 15 22 29
Di	5 12 19 26	2 9 16 23	2 9 16 23 30
Mi	6 13 20 27	3 10 17 24	3 10 17 24 31
Do	7 14 21 28	4 11 18 25	4 11 18 25
Fr	1 8 15 22 29	5 12 19 26	5 12 19 26
Sa	2 9 16 23 30	6 13 20 27	6 13 20 27
So	3 10 17 24 31	7 14 21 28	7 14 21 28

	April	**Mai**	**Juni**
Mo	5 12 19 26	3 10 17 24 31	7 14 21 28
Di	6 13 20 27	4 11 18 25	1 8 15 22 29

Natalie hat am 29. Februar Geburtstag. Sie ist darüber zum einen sehr traurig, aber sie findet es auch ganz interessant. Wie kannst du das erklären?

Für große Zeitspannen hat man die Maßeinheiten **Tage**, **Wochen**, **Monate** und **Jahre**.
Diese Maßeinheiten haben die Menschen z. B. vom Lauf der Erde um die Sonne abgeleitet.
Die Zeit für eine Umdrehung der Erde um die Sonne nennt man ein Jahr.
Die Zeit für eine Umdrehung der Erde um sich selbst heißt ein Tag.

1 Jahr hat 365 Tage.   Ausnahme: 1 Schaltjahr hat 366 Tage.

Übrigens

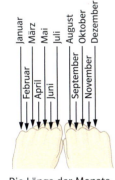

Die Länge der Monate können wir mithilfe der zu Fäusten geballten Hände ableiten. Knöchel: 31 Tage, dazwischen: 30 oder weniger Tage.

Die Länge der Monate ist unterschiedlich. In einem Schaltjahr hat der Februar 29 Tage.
Lies auch den Abschnitt *Der Kalender* auf der Seite 23.

Beispiel
Mehmet wurde am 13.4.1996 geboren, heute ist der 18.9.2006. Wie viele Tage ist er alt?

An seinem letzten Geburtstag am 13.4.2006 ist er 10 Jahre alt geworden (d. h. von seiner Geburt bis zum 12.4.2006 sind 10 Jahre vergangen). Zwei davon waren Schaltjahre (das Jahr 2000 und das Jahr 2004):   10 · 365 Tage + 2 Tage = 3652 Tage
Tage ab dem letzten Geburtstag
(der 13.4. wird mitgezählt):

April	18 Tage
Mai bis August 31 + 30 + 31 + 31 =	123 Tage
September	18 Tage
	3811 Tage

Mehmets Alter in Tagen beträgt:

1 Mit welcher Maßeinheit würdest du folgende Zeitspannen messen?
a) Dauer deiner bisherigen Schulzeit
b) Dauer einer kurzen Krankheit
c) Alter bei kleinen Kindern
d) Alter der Erde
e) Alter einer Fliege
f) die Zeitspanne bis Weihnachten
g) Dauer der Sommerferien
h) Siegerzeit beim 10 000-m-Lauf

2 Berechne dein heutiges Alter in Tagen. Verfahre dazu entsprechend dem obigen Beispiel.

3 Oma sagt zu Caroline: „Jetzt werden die Tage wieder länger."
Frau Müller sagt, sie müsse Tag und Nacht arbeiten, um fertig zu werden.
Der Lehrer sagt: „1 Tag hat 24 Stunden."
Was meinen die drei jeweils mit „Tag"?

4 a) Am 5. Oktober fragt Ute ihren Bruder: „Welches Datum haben wir in drei Wochen?"
b) Welches Datum haben wir 14 Tage nach dem 22. August?
c) [👥] Stellt euch gegenseitig ähnliche Fragen und berechnet das Datum.

▷ Mathematische Werkstatt, Seite 176/177; Thema, Seite 23

| Aktiv | **Kurs** | Thema | Kompakt | Test |

5 Schreibe das Datum des ersten Tages an der neuen Schule auf. Seit wie vielen Wochen bist du schon an der Schule?

6 Wie viele Tage sind es noch bis zum Jahresende
a) vom 8. Dezember   b) vom 2. Oktober
c) vom 7. Juli   d) vom 19. Mai?

7 a) Kevin ist am 2. Mai 1996 und Aishe am 17. November 1996 geboren. Wie viele Tage ist Kevin älter als Aishe?
b) Angelika ist am 13.12.1996 und Stefan am 17.5.1997 geboren. Wie viele Tage ist Stefan jünger als Angelika?
c) [👥] Wie viele Tage bist du jünger/älter als dein(e) Tischnachbar(in)?

8 [●] Sara, Mareen, Tim und Ali beschreiben ihr Alter etwas ungewöhnlich. Wie alt sind sie?

Ali: „Ich bin 1 Jahr, 120 Monate und 90 Tage alt."

Mareen: „Ich bin 138 Monate alt."

Sara: „Ich bin in 8 Jahren 19 Jahre alt."

Tim: „Ich bin 4350 Tage alt."

9 [●] Aus der Zeitung vom 14.11.2005:

> Postkarte kommt 234 Monate verspätet an.

a) Wie viele Jahre war die Karte unterwegs?
b) 2005 war der Absender der Karte 43 Jahre alt. Wie alt war er, als er die Karte abgeschickt hatte?
c) Berechne den Monat und das Jahr, in dem die Karte geschrieben wurde.

10 Die Briefmarken zeigen einige berühmte Frauen. Berechne jeweils, wie alt sie geworden sind.
a) *Annette v. Droste-Hülshoff*
(12.1.1797 – 24.5.1848)
Dichterin
b) *Hildegard Knef*
(28.12.1925 – 1.2.2002)
Schauspielerin und Schriftstellerin
c) *Marie Juchacz*
(15.3.1879 – 28.1.1956)
Politikerin und Frauenrechtlerin

 Aufgaben durch Ausprobieren lösen

Wenn man nicht genau weiß, wie man zu einer Lösung kommt, ist es manchmal sinnvoll und hilfreich, einfach zu probieren. Oft hilft es mit System zu probieren.
Beispiel:
Dirk ist 24 Jahre jünger als sein Vater. Der Vater ist dreimal so alt wie Dirk.

Lucas Probierstrategie:
1. Annahme: Dirk ist 8 Jahre alt.
Dann ist Dirks Vater 3 × 8 Jahre = 24 Jahre.
Unterschied: 24 J – 8 J = 10 J => zu wenig.
2. Annahme: Dirk ist 10 Jahre alt.
Dirks Vater: 3 × 10 Jahre = 30 Jahre.
Unterschied: 30 J – 10 J = 20 J => zu wenig.
3. Annahme: Dirk ist 12 Jahre alt.
Dirks Vater: 3 × 12 Jahre = 36 Jahre.
Unterschied: 36 J – 12 J = 24 J => Die Lösung!

Sophies Probierstrategie:
1. Annahme: Dirk ist 6 Jahre alt.
Dirks Vater: 3 × 6 Jahre = 18 Jahre => zu jung
2. Annahme: Dirk ist 15 Jahre alt.
Dirks Vater: 3 × 15 Jahre = 45 Jahre
Unterschied: 45 J – 15 J = 30 Jahre => zu viel
3. Annahme: Dirk ist 13 Jahre alt.
Dirks Vater: 3 × 13 Jahre = 39 Jahre
Unterschied: 39 J – 13 J = 26 Jahre => etwas zu viel
Also mit „12" probieren.
Dann fällt Sophie auf: „Oh, der Unterschied ist ja immer das Doppelte von Dirks Alter, auch das spricht für 12 Jahre."
3 × 12 Jahre – 12 = 24 Jahre => Alter des Vaters

Vielleicht helfen dir Lucas und Sophies Probierstrategien bei den folgenden Knobelaufgaben.
▷ Ahmet ist 12 Jahre alt. Wäre er doppelt so alt wie Florian, müsste er zwei Jahre älter sein. Wie alt ist Florian?
▷ Susannes Mutter ist dreimal so alt wie sie selbst, zusammen sind sie 48 Jahre alt. Wie alt ist Susanne und wie alt ist ihre Mutter?

▷ Mathematische Werkstatt, Seite 176 – 180

Aktiv   Kurs   **Thema**   Kompakt   Test

Der Kalender

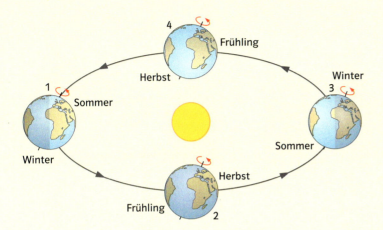

Ein Jahr dauert 365 Tage, 5 Stunden, 48 Minuten und 46 Sekunden. Das ist genau die Zeit, welche die Erde für eine Umkreisung der Sonne benötigt.

1 Erkläre mithilfe des Bildes, wodurch der Wechsel von Tag und Nacht entsteht. Wie entstehen die Jahreszeiten?

2 Wann sind die Nächte lang, wann sind sie kurz? Wann sind Tag und Nacht gleich lang? Erkläre, warum im Sommer am Polarkreis an manchen Tagen die Sonne gar nicht untergeht.

Übrigens

Der **Januar** ist nach dem römischen Gott Janus benannt, er hat zwei Gesichter und schaut gleichzeitig vor und zurück.

Das Wort **Dezember** stammt aus der römischen Zählweise und bedeutet „der Zehnte". Ursprünglich hatte der römische Kalender nur zehn Monate; ein Jahr dauerte 304 Tage.

Der julianische Kalender

Die heutigen Monatsnamen stammen von den Römern. Der römische Kaiser *Julius Cäsar* führte 46 v. Chr. eine Kalenderreform durch. Er gab dem Kalender seine heutige Form und führte das Schaltjahr ein, der Februar hatte nun alle 4 Jahre 29 Tage.

Julius Cäsar (100–44 v. Chr.)

3 Mit welcher durchschnittlichen Jahreslänge rechneten damals die Römer? Wie groß war der Unterschied zur genauen Jahreslänge?

Der gregorianische Kalender

Da der julianische Kalender immer noch ein wenig ungenau war, wurde er von Papst *Gregor XIII.* im Jahre 1582 nochmals geändert. Er ließ den 29. Februar in denjenigen Schaltjahren ausfallen, deren Jahreszahl durch 100, aber nicht durch 400 teilbar ist.
Um die Jahreszeiten wieder in Übereinstimmung mit dem Kalender zu bringen, wurden damals 10 Tage ausgelassen: auf den 4. Oktober 1582 folgte direkt der 15. Oktober.

Papst Gregor XIII. (1502–1585)

4 War das Jahr 2000 ein Schaltjahr? Begründe.

▷ Mathematische Werkstatt, Seite 176/177

Aktiv   Kurs   **Thema**   Kompakt   Test

Der muslimische Kalender

Der muslimische Kalender beginnt im Jahr 622 u. Z. (unserer Zeitrechnung) mit der Flucht des Propheten *Mohammed* von Mekka nach Medina. Er ist nicht nach der Sonne, sondern nach dem Mond ausgerichtet, er ist ein so genannter Mondkalender.

Ein Mondumlauf dauert im Mittel 29 Tage 12 Stunden 44 Minuten 3 Sekunden. 12 Mondumläufe ergeben ein **Mondjahr**. Ein Mondjahr ist kürzer als unser Sonnenjahr; nach 32 Sonnenjahren muss ein Mondjahr addiert werden. Deshalb muss man bei der Umrechnung von Jahreszahlen M des muslimischen Kalenders in den gregorianischen Kalender G entsprechend vorgehen:
(1) M + 622 = Ergebnis 1
(2) M : 33 = Ergebnis 2
(3) G = Ergebnis 1 – Ergebnis 2

5 a) Wie lang ist ein Mondjahr?
b) Um wie viel unterscheidet es sich vom gregorianischen Sonnenjahr?
c) Welche Zeitdifferenz zu den Mondjahren ergibt sich nach 32 Sonnenjahren?

6 [@] Nach dem muslimischen Kalender wurde Konstantinopel (das heutige Istanbul) im Jahre 857 von den Türken erobert. In welchem Jahr unserer Zeitrechnung lag die Eroberung? Recherchiere, ob die Jahreszahl stimmt.

7 [●] a) Erläutere: Der Beginn des muslimischen Mondjahres *wandert* durch das gregorianische Sonnenjahr.
b) Warum kann es passieren, wie im Jahr 2000 u. Z. geschehen, dass in einem Jahr zweimal das Zuckerfest (Ende des Fastenmonats Ramadan) gefeiert wird?

Der jüdische Kalender

Der jüdische Kalender ist eine Kombination aus Sonnen- und Mondkalender. Er zählt Mondmonate, passt die kurze Jahreslänge eines Mondjahres aber dem Sonnenjahr an, indem von Zeit zu Zeit ein ganzer Monat eingeschaltet wird. So liegt der Jahresanfang des jüdischen Kalenders immer im September/Oktober des Sonnenjahres.
Der Beginn des Kalenders liegt bei 3761 v. u. Z., der *Erschaffung der Welt*.

8 a) Am 25.9. im gregorianischen Kalender begann das jüdische Jahr 5756. Gib die Jahreszahl u. Z. an.
b) Am 4.10.2005 war das jüdische Neujahrsfest. Gib die Jahreszahl nach dem jüdischen Kalender an.

9 Gib die Regierungszeiträume der jüdischen Staatsoberhäupte in jüdischen Jahresdaten an.

König Saul	1020 v. u. Z. – 1000 v. u. Z.
Simeon	143 v. u. Z. – 135 v. u. Z.
Herodes Agrippa	41 u. Z. – 44 u. Z.

▷ Mathematische Werkstatt, Seite 176–180

Aktiv   Kurs   Thema   **Kompakt**   Test

Strichlisten Häufigkeitstabellen

Zum Erfassen der Ergebnisse einer Umfrage werden häufig **Strichlisten** verwendet. In der **Häufigkeitstabelle** hält man die Anzahl der verschiedenen Antworten fest.

Mein Lieblingsfach:

Kunst	ﾊﾊ I	6
Mathe	I	1
Englisch	ﾊﾊ II	7
Biologie	II	2
Technik	IIII	4
Sport	ﾊﾊ III	8

Diagramme

In einem Diagramm werden die erfassten Daten übersichtlich dargestellt.
Man unterscheidet z. B. **Bilddiagramme**, **Balkendiagramme** und **Säulendiagramme**.

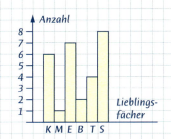

Ranglisten Spannweite Zentralwert

Werden die Daten nach der Größe oder Anzahl geordnet, so erhält man eine **Rangliste**. Die Differenz zwischen dem größten und dem kleinsten Wert bezeichnet man als **Spannweite**.
In einer Rangliste stehen rechts und links vom **Zentralwert** gleich viele Werte, er ist also die Mitte der Liste.

Sport	8
Englisch	7
Kunst	6
Technik	4
Bio	2
Mathe	1

Spannweite:
$8 - 1 = 7$ Stimmen

Zentralwert:
$6 + 4 = 10$
$10 : 2 = 5$ Stimmen

Runden von Zahlen

Zuerst entscheidet man sich für die **Rundungsstelle**, die Ziffer **rechts** daneben entscheidet über Aufrunden oder Abrunden.
Bei den Ziffern 5; 6; 7; 8; 9 wird **aufgerundet**.
Bei den Ziffern 0; 1; 2; 3; 4 wird **abgerundet**.

$4\ 5\ \boxed{6} \approx 4\ 6\ 0$ Runden auf Zehner

$1\ 2\ 7\ \boxed{1}\ 5 \approx 1\ 2\ 7\ 0\ 0$ Runden auf Hunderter

$1\ 2\ \boxed{7}\ 1\ 5 \approx 1\ 3\ 0\ 0\ 0$ Runden auf Tausender

Erster Ferientag: 21.3.2005
Letzter Ferientag: 2.4.2005

März: $31 - 20 = 11$
April: $\underline{2}$
$1\ 3$ Tage   Der 21.3. ist schon ein Ferientag!

Jahre Monate Tage

1 Jahr hat 365 Tage.
Ausnahme: 1 Schaltjahr hat 366 Tage.

Kalenderdaten werden am besten von hinten nach vorne geordnet: zuerst nach dem Jahr, dann nach Monat und Tag.

25

Aktiv   Kurs   Thema   Kompakt   **Test**

Abb.1: Ausleihe von Außenspielen in der Mittagspause

Spielgerät	Jahrgang 5	Jahrgang 6	Jahrgang 7
Pedalo	|||| ||||	||||		|||
Stelzen	|||| ||	|||	||
Springseil	|||| ||||		|||| |||	||||	
Inliner	|||	|||| ||||	|||| ||||	
Indiaca	||||		||||	||
Softball	|||	|||| |||	|||| |||| ||

Abb. 2: Welche Haustiere leben bei uns?

[einfach]

1 Sieh dir in der Abbildung 1 die Strichliste an. Wie viele Schüler aus den Jahrgängen liehen sich ein Außenspiel aus? Welche Spiele waren in den einzelnen Jahrgängen am beliebtesten bzw. am unbeliebtesten?

2 Sieh dir in der Abbildung 2 das Diagramm an. Wie viele Kinder haben einen Hund oder eine Katze? (Kein Kind hat beides.) Wie viele Mädchen, wie viele Jungen haben Mäuse?

3 Runde auf Hunderter: Der Amazonas ist 6437 km lang.

4 Kosta und seine Freunde haben ihre Größen gemessen:

Kosta 1,48 m   Uwe 1,46 m
Nico 1,39 m   Inge 1,40 m
Karin 1,43 m   Nora 1,37 m
Vera 1,38 m   Heinz 1,40 m

Ordne die Freunde nach ihrer Körpergröße, berechne die Spannweite und den Zentralwert!

5 Wie viele Tage sind es vom 4. März bis zum 12. Mai?

[mittel]

1 Sieh dir in der Abbildung 1 die Strichliste an. Stelle die Verteilung der Häufigkeiten für die Klasse 5 in einem Diagramm dar. Bei welchen drei Spielen unterscheidet sich der Jahrgang 5 am meisten von Jahrgang 7?

2 Sieh dir in der Abbildung 2 das Diagramm an. Wie viele Kinder haben Käfigtiere? (Kein Kind hat mehr als eine dieser Tierarten.) Leben bei den Jungen oder den Mädchen mehr Tierarten?

3 Runde sinnvoll: Bochum hat 324 815 Einwohner.

4 a) 8 Kinder haben sich gewogen: 44 kg; 36 kg; 39 kg; 44 kg; 47 kg; 34 kg; 38 kg; 45 kg.
Ordne die Werte, berechne die Spannweite und den Zentralwert.
b) Bei einer anderen Gruppe von 8 Kindern ist der Zentralwert ihrer Körpergewichte 39 kg. Was kannst du über die Körpergewichte sagen?

5 Wie viele Tage sind es vom 20. Februar bis zum 9. Juni in einem Schaltjahr?

[schwieriger]

1 Stelle in einem Diagramm die Ausleihe von Außenspielen insgesamt (Abb. 1) und von Innenspielen für die Jahrgänge 5; 6 und 7 dar.

Jg. 5	Jg. 6	Jg. 7
9	14	10

2 Erstelle zur Abbildung 2 je eine Rangliste nach Jungen und Mädchen getrennt. Insgesamt hat die Klasse 28 Kinder. Bei 6 Kindern leben 2 Tierarten. Wie viele Kinder haben kein Tier?

3 Runde sinnvoll: Deutschland hat 82 531 671 Einwohner, davon 18 979 686 in Nordrhein-Westfalen und 663 129 in Bremen.

4 Die Weitsprungergebnisse von zwei Gruppen lauten:

Gruppe A   Gruppe B
2,87 m 3,24 m   3,06 m 2,63 m
3,18 m 2,96 m   2,94 m 2,89 m
2,65 m 3,04 m   3,22 m 3,18 m

Gib jeweils die Spannweiten und die Zentralwerte an. Welche Gruppe ist besser? Begründe.

5 Am 5.7. ist der letzte Schultag. Die Ferien dauern 46 Tage. Wann beginnt die Schule wieder?

▷ Lösungen zum Test, Seite 184/185.

Wir teilen auf

Anna und Thomas kommen nach dem Spielen nach Hause und wollen beide einen Apfel essen. Die Äpfel sind jedoch ziemlich unterschiedlich. Sie wollen eine Lösung finden, beide Äpfel gerecht zu teilen.

Was findest du gerecht?
Was meinen die anderen in der Klasse?

**In der Mathematik bedeutet gerechtes Teilen:
Alle bekommen gleich viel.
Es darf nichts übrig bleiben.**

In diesem Kapitel lernt ihr,

- was ein Bruch ist.
- wo im Alltag Brüche vorkommen.
- wie man Brüche darstellen kann.
- wie man Bruchteile bestimmt.
- wie man Bruchteile bezeichnet.
- wie man Brüche vergleicht.
- wann Brüche gleich groß sind.
- wie man begründen kann, warum Brüche gleich groß bzw. verschieden groß sind.
- welche Hilfsmittel man zum Vergleichen von Brüchen verwenden kann.
- was Prozente sind.

2.1 Gerecht verteilen

1 Lakritzschnecken verteilen
[👥 ✂] Besorgt euch eine Tüte mit Lakritzschnecken, Küchenmesser und Frühstücksbrettchen als Unterlage.
Verteilt die Lakritzschnecken so, dass immer 4 Personen 3 Schnecken bekommen. Aber noch nicht die Schnecken essen!
Verteilt die Lakritzschnecken gerecht an die 4 Personen in der Gruppe.
Zeichnet eure Lösung auf.
Haben alle Gruppen gleich geteilt?
Haben alle dasselbe Ergebnis?
Jetzt dürft ihr die Schnecken essen.

Zur Erinnerung
In der Mathematik bedeutet gerechtes Teilen:
Alle bekommen gleich viel. Es darf nichts übrig bleiben.

2 Pizza essen
[👥] Zeichnet eure Lösungen zu den folgenden Aufgaben auf. Beschreibt euer Ergebnis mit Worten. Stellt euch die Ergebnisse gegenseitig vor.
a) Wie teilen sich die Kinder an den einzelnen Tischen die Pizzas gerecht?
b) An welchem Tisch bekommt man am meisten? Zeichne auf.
c) Die Kinder am Tisch C sind noch nicht satt. Sie bekommen jetzt noch 3 Pizzas. Wie viel hat nun jedes Kind bekommen?

3 a) Vier Kinder teilen sich eine Pizza. Skizziere, wie viel jedes Kind bekommt. Wie heißt so ein Stück?
b) Von acht Kindern soll jedes Kind genauso viel erhalten wie bei Aufgabe a). Wie viele Pizzas brauchen sie? Zeichne die Lösung auf.
c) Wie viele Kinder können bei 6 Pizzas mitessen, wenn jedes Kind so viel bekommt wie in Teilaufgabe a)?
d) Sechs Kinder sollen jeweils eine viertel Pizza bekommen. Zeichne die Situation auf.
e) Die Ergebnisse der Teilaufgaben a) bis d) kannst du in einer Tabelle eintragen. Übertrage die Tabelle ins Heft und fülle auch die restlichen Lücken aus. Was fällt dir auf?

	a)	b)	c)	d)		
Anzahl der Pizzas	1		6		3	7
Anzahl der Kinder	4	8		6		32

4 a) Vier Kinder teilen sich drei Pizzas. Wie viel bekommt jedes Kind?
b) In der Tabelle sind vier verschiedene Situationen beschrieben. Zeichne jeweils ein passendes Bild dazu.

Anzahl der Pizzas	3	6	12	?
Anzahl der Kinder	4	8	16	24

c) Man könnte diese Tabelle auch *Dreiviertel-Tabelle* nennen. Warum?
Wie müsste die Tabelle in Teilaufgabe 3 e) demnach heißen?
d) Kannst du auch eine *Zweiachtel-Tabelle* erstellen?

A  **B**  **C**

Aktiv Kurs Thema Kompakt Test

1 Drittel

1 Viertel

?

?

5 [●●] a) Sieh dir die Tabelle an. Welche Situationen passen zusammen, d.h., wo bekommt man gleich viel?
b) Wo erhält man das größte Stück, wo das kleinste?

Anzahl der Pizzas	1	1	3	3	3	6	6	4
Anzahl der Kinder	2	4	8	6	12	12	16	16

6 Ein Auflauf soll zerteilt werden. Zeichne drei viereckige Formen ins Heft und markiere 1 Drittel, 1 Fünftel und 1 Achtel.

7 [ ] Die Kuchen und Torten im Bild unten sollen gerecht verteilt werden.

Entwerft selbst Aufgaben für Drittel, Fünftel, Sechstel und Achtel (oder wenn ihr Lust habt und die Arbeit gut verteilt, auch für andere Bruchteile).
Wie viele Kinder können mitessen? Benutzt auch Tabellen, um die Ergebnisse aufzuschreiben. Tauscht eure Aufgaben untereinander aus. Wie viele unterschiedliche Aufgaben habt ihr gefunden?

Eine Wandzeitung erstellen

Eine Wandzeitung gibt euch einen Überblick über das Thema – für alle sichtbar im Klassenraum. Darauf könnt ihr wichtige Inhalte, z.B. zu Bruchteilen, zusammenstellen und nach und nach ergänzen.

Auf den nächsten Seiten seht ihr ab und zu das Symbol ✏. Diese Stellen eignen sich besonders gut die Wandzeitung zu ergänzen.

… oder ein Brüche-Album

Ihr könnt euch aber auch ein schönes Album mit den bisherigen Ergebnissen gestalten. Ergänzt es immer dann, wenn ihr etwas Neues gelernt habt. Achtet darauf, übersichtlich und sauber zu schreiben und zu zeichnen.
Macht ein schönes Deckblatt und legt ein Inhaltsverzeichnis an.

Aktiv **Kurs** Thema Kompakt Test

Bruchteile

Verteile 3 Pizzas an 4 Kinder.
Wie machst du das?
Beschreibe dein Vorgehen.

Teilt man Gegenstände in gleich große Teile ein, erhält man **Bruchteile**. Ein Drittel erhält man durch Teilen in 3 gleich große Stücke, ein Fünftel erhält man durch Teilen in 5 gleich große Stücke usw. Bezeichnungen wie 1 Halbes, 2 Drittel, 1 Viertel oder 3 Viertel nennt man **Brüche**.

Man kann die Situation oben unterschiedlich beschreiben und darstellen, aber immer erhält man dasselbe Ergebnis:

1)

Verteile jede Pizza an 4 Kinder.
12 Viertel-Stücke werden verteilt.

Jedes Kind bekommt 3 Viertel-Stücke.

2)

3 Kinder bekommen zunächst eine ganze Pizza und geben dem 4. Kind jeweils eine viertel Pizza ab.

3 Kinder erhalten also eine dreiviertel Pizza und das 4. Kind bekommt 3 Viertel-Stücke.

3)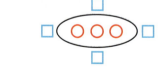

Teile 3 (Pizzas) durch 4 (Kinder) oder kürzer 3 geteilt durch 4 (3 : 4).

1 a) Falte ein Blatt Papier so, dass zwei gleich große Hälften entstehen. Welche Möglichkeiten gibt es?
Falte es noch einmal in der Mitte. Wie heißen die jetzt entstandenen Teile?
Und dann noch einmal falten …
b) Nimm dir einen Papierstreifen und falte ihn so, dass möglichst genau Drittel entstehen. Verwende kein Geodreieck zum Ausmessen. Erkläre wie du *gedrittelt* hast.
c) Versuche nun einen weiteren Streifen nur durch Falten in Fünftel einzuteilen.

2 Welcher Bruchteil der Schokoladentafeln wurde ausgepackt?

a) b)

c) d)

30

Aktiv **Kurs** **Thema** **Kompakt** **Test**

3 a) Kann man alle Tafeln gerecht an vier Kinder verteilen, ohne einzelne Stücke zu zerbrechen? Zeichne deine Lösungen auf.

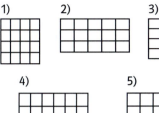

b) Wo klappt das auch bei drei Kindern?
c) An wie viele Kinder kann man bei der Tafel links gerecht verteilen, ohne einzelne Stücke durchzubrechen? Zeichne.

4 [👥@] Schokoladentafeln haben unterschiedlich viele Stücke. Findet heraus, welche Einteilungen es gibt. Zeichnet sie auf. Überlegt euch selbst Aufgaben und Lösungen dazu. Tauscht die Aufgaben mit anderen Gruppen aus.

5 a) Zeichne die Fahne von Argentinien in dein Heft. Stimmt es, dass zwei Drittel der Fahne blau und ein Drittel weiß ist? Begründe.
b) Wie groß sind die Anteile bei der Fahne von Mauritius?

6 [@] a) Finde heraus, wie die polnische Flagge aussieht. Stimmt es, dass bei der polnischen Flagge ein Drittel rot und ein Drittel weiß ist? Begründe deine Antwort.
b) Suche dir die Fahne von Panama und zeichne sie (ohne die Sterne). Welcher Anteil ist blau? Welcher Anteil ist weiß? Und welcher Bruchteil ist rot?
c) Heike behauptet, dass die Fahne von Guinea-Bissau zu je einem Drittel aus den Farben rot, gelb und grün besteht. Was sagst du dazu?

7 [●] a) Welcher Anteil der Fahne von Dschibuti (ohne den Stern) ist weiß? Wie groß ist der blaue Anteil?

b) Bestimme bei den Fahnen von Thailand und Bosnien/Herzegowina die Anteile der einzelnen Farben.

Thailand: Bosnien/Herzegowina:

8 [●@] Zu welchem Land gehören diese Fahnen? Wie verteilen sich die Anteile der Farben? Begründe deine Lösung.

9 [✎] Entwirf selbst zwei Fahnen und bestimme die Anteile der Farben. Bei einer Fahne sollen die Anteile leicht zu bestimmen sein, bei der anderen schwer.

10 [●] Schaue dir noch einmal alle Fahnen auf dieser Seite an. Welche Fahne hat den größten Blauanteil? Welche den kleinsten? Gibt es zwei Fahnen mit gleich großem Anteil einer Farbe?

11 Welcher Bruchteil ist gefärbt?

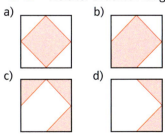

Tipp
Manchmal kommt man weiter, wenn man sich in Zeichnungen Hilfslinien einzeichnet.

Argentinien:

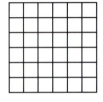

Mauritius:

Tipp
Für diese Aufgabe brauchst du eine Flaggenkarte. In manchen Atlanten ist eine zu finden. Sonst schaue im Internet nach.

▷ Kasten, Seite 29   31

> 1 Drittel kann man auch anders aufschreiben: $\frac{1}{3}$
>
> 3 Viertel wird so geschrieben: $\frac{3}{4}$
>
> Die beiden Zahlen in einem Bruch haben besondere Namen:
> Zähler   3
> Bruchstrich   —
> Nenner   4

12 a) Klara zeichnet den Bruch $\frac{1}{2}$ am liebsten so:

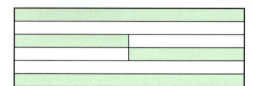

Welche Brüche haben Fabian und Paul gezeichnet?

Fabians Bruch   *Pauls Bruch*

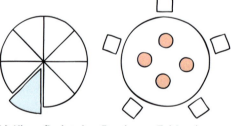

b) Klara findet den Bruch von Fabian langweilig. Warum wohl?
c) Zeichne die Brüche von Fabian und Paul so ähnlich wie den von Klara.
d) [✎] Denke dir andere Brüche aus und zeichne sie auf verschiedene Arten.

13 Zeichne mehrere solcher Kästen in dein Heft.
a) Färbe folgende Bruchteile:
$\frac{1}{6}; \frac{1}{10}; \frac{3}{4}; \frac{1}{8}; \frac{4}{5}; \frac{5}{30}; \frac{2}{3}$.
b) Färbe drei Kästchen des Rechtecks. Welcher Bruchteil ist das? Mache das ebenso mit 10; 15; 25; 40 Kästchen.
c) Überlege dir selbst weitere Aufgaben.

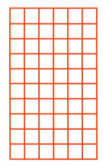

14 Hier stimmt doch etwas nicht! Berichtige es und erkläre, was falsch ist.

a) 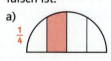 b)

c) 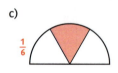 d)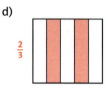

15 Welcher Bruchteil der Figur ist jeweils gefärbt?
Ordne die Bruchteile der Größe nach an. Beginne mit dem größten.

a) 1)   2)

3)   4)

b) 1)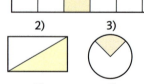

2)   3)   4)

5)   6)   7)

c) 1)   2)

3) 4)

▷ Kasten, Seite 29

Aktiv **Kurs** Thema Kompakt Test

16 Auf Nagelbrettern kannst du mit Gummibändern Figuren spannen. Welcher Bruchteil ist jeweils eingerahmt?

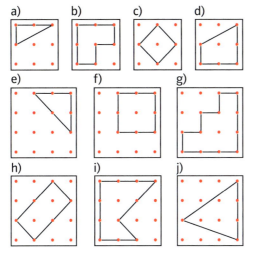

17 Zeichne die Nagelbretter in dein Heft.
a) Zeichne mit verschiedenen Farben ein, wie mit Gummibändern $\frac{3}{4}$; $\frac{1}{8}$; $\frac{5}{8}$ dargestellt werden könnte.
b) Warum kannst du nicht $\frac{2}{7}$ spannen? Nenne andere Brüche, die sich nicht darstellen lassen.

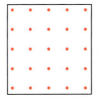

18 Welche Bruchteile kannst du hier spannen? Zeichne einige Lösungen in dein Heft.
a) b)

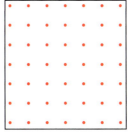

19 Hier sind Bruchteile von Figuren gezeichnet. Wie könnte das Ganze aussehen? Zeichne mehrere Möglichkeiten in dein Heft.
Erkläre, wieso deine Lösungen richtig sind.

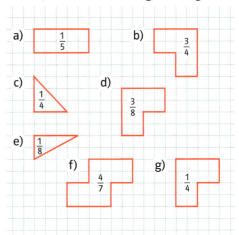

20 a) Zeichne die Figuren in dein Heft und färbe $\frac{2}{3}$.

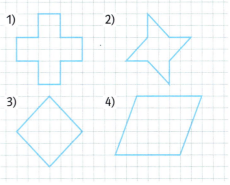

b) Bei welchen Figuren kannst du $\frac{1}{5}$ färben?

21 Nicole sagt: „Der grüne Teil in der oberen Zeichnung ist kleiner als der in der unteren. Das kann nicht beides $\frac{1}{3}$ sein." Was meinst du?

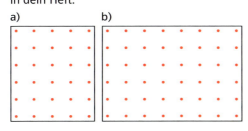

33

Brüche im Alltag

22 Für ein Brotrezept braucht man drei Teile Roggenmehl und zwei Teile Weizenmehl.
a) Wie viel Roggenmehl braucht man bei 400 g Weizenmehl?
b) Wie viel Weizenmehl wird für 450 g Roggenmehl gebraucht?
c) Wie groß sind die Anteile an Roggenmehl bzw. Weizenmehl?
d) Lies Roxanas Kommentar links. Stimmt ihre Aussage?

> „Ich nehme erst gleich viel von beiden Mehlsorten und füge dann noch einmal die Hälfte vom Roggenmehl dazu."

23 In einer Schale liegen 20 rote und 12 blaue Perlen.
a) Wie groß ist der Anteil der roten und blauen Perlen?
b) Carla nimmt fünf rote Perlen heraus. Wie viele blaue Perlen müssen entfernt werden, damit die Anteile von roten und blauen Perlen gleich bleiben? Begründe.

24 a) In einem Beutel mit Losen sind drei Gewinne und sieben Nieten. Welcher Bruchteil sind Gewinne?
b) [●] In einem Kasten sind $\frac{5}{8}$ Gewinne. Wie viele Lose sind wohl in dem Kasten? Wie viele Nieten gibt es?
c) [●] Wo sind mehr Gewinne, im Beutel oder im Kasten?

25 [✎] Auf einer Getränkesirup-Flasche steht: „Mischung 1 + 7."
a) Wie soll man Wasser und Fruchtsirup mischen?
b) Wie groß ist der Anteil vom Sirup?
c) Wenn der Fruchtsirup-Anteil $\frac{1}{7}$ betragen würde, wie wäre dann gemischt worden?

26 [●] Benno und Julius mischen sich Kirschsaftschorle.
a) Benno mischt zwei Teile Kirschsaft mit drei Teilen Wasser. Julius nimmt vier Teile Kirschsaft und fünf Teile Wasser. Wer hat das süßere Getränk?
b) [👥] Stellt paarweise verschiedene Mischungen her und berechnet die Anteile.

ℹ Brüche in unserem Alltag

In unserer Alltagssprache verwenden wir ziemlich oft Brüche, z.B. eine Viertelstunde, ein halbes Kilo, ein achtel Liter, Halbzeit, viertel nach drei, …
▷ Suche weitere Begriffe aus dem Alltag, die mit Bruchteilen zu tun haben.
▷ Kannst du die folgenden Ausdrücke erklären? Finde heraus, was sie bedeuten. Bei welchen Ausdrücken sind gar keine richtigen Brüche gemeint?
– Drittelpause   – halber Arm
– 1 Viertel Wurst   – Halbschuhe
– Viertel acht   – Dreivierteltakt
– Halbstarker   – Achtelnote
– $\frac{3}{4}$-Zoll-Rohr

Die Vorsilben dezi-, zenti- und milli-, die du z. B. von Dezimeter, Zentiliter oder Milligramm kennst, haben auch etwas mit Brüchen zu tun:
– dezi bedeutet zehntel
– centi bedeutet hundertstel
– milli bedeutet tausendstel
Alle drei Begriffe kommen aus dem Lateinischen.

Beispiele:
1 Dezimeter (dm) = $\frac{1}{10}$ m = 10 cm
1 Zentimeter (cm) = $\frac{1}{100}$ m
1 Millimeter (mm) = $\frac{1}{1000}$ m

▷ Schreibe ähnliche Umrechnungen auch für Liter und Milliliter auf. Beide Angaben findest du oft auf Messbechern.

---

34   ▷ Mathematische Werkstatt; Kasten, Seite 29 und 35

Aktiv **Kurs** Thema Kompakt Test

Zeichnungen können helfen

Beim Lösen von etwas komplizierten Problemen hilft es manchmal, sich zunächst eine Zeichnung zu machen und damit systematisch zu überlegen.

Beispiel:
18 Kinder sind zu einer Geburtstagsfeier in die Pizzeria eingeladen. Weil die Pizzas dort ziemlich groß sind, wurden insgesamt 12 Pizzas bestellt. Die Pizzeria hat keinen Tisch für alle Kinder. Es gibt einen für höchstens 10 Personen, einen, an den 6 Kinder passen, und einen kleinen für 4 Leute.

Wie sollen sich die Kinder an die Tische verteilen, damit an jeden Tisch nur ganze Pizzas gebracht werden können und natürlich alle gleich viel bekommen?

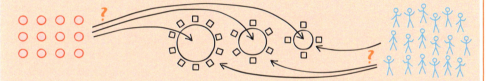

Wie könnte man 18 Kinder und 12 Pizzas gerecht verteilen? Welche Möglichkeiten gibt es? Wir fangen mit einfachen Möglichkeiten an und schauen, welche gut zu dem Problem passt.

Möglichkeit: 1)   Möglichkeit: 2)

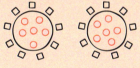

6 Pizzas   6 Pizzas   ? Pizzas   ? Pizzas   ? Pizzas
9 Kinder   9 Kinder   6 Kinder   6 Kinder   6 Kinder

Wie viele Pizzas kommen an jeden Tisch?

Es müssen ja nicht überall gleich viele Kinder sitzen. Hier siehst du zwei Möglichkeiten.
Möglichkeit: 3)   Möglichkeit: 4)

? Pizzas   ? Pizzas   ? Pizzas   ? Pizzas   ? Pizzas
12 Kinder   6 Kinder   12 Kinder   3 Kinder   3 Kinder

Wie viele Pizzas kommen an jeden Tisch?

▷ Fallen dir weitere Tischaufteilungen ein?
▷ Und jetzt wieder zurück zu unserem Problem. Wie müssen sich die Kinder verteilen, damit es klappt?

2.2 Mit Brüchen spielen

1 [👥✂] **Bruchstreifen basteln**
Zum Vergleichen von Brüchen kann man gut Bruchstreifen verwenden. Stellt euch mehrere 24 cm lange Streifen aus Pappe her und teilt sie in 2; 3; 4; ... 12 gleiche Teile ein. Messt und zeichnet möglichst genau. Beschriftet die Streifen.
Zum Schluss fertigt euch einen etwas breiteren und längeren Streifen an, schneidet einen Schlitz hinein. Er dient euch als Markierung für die Brüche.

Ergebnis: $\frac{2}{3}$ sind größer als $\frac{2}{4}$.

2 [👥] **Brüche würfeln – ein Spiel für zwei**
a) Beide würfeln mit zwei 12-seitigen Würfeln und bilden daraus einen echten Bruch. Wer den größeren Bruch hat, erhält einen Punkt. Zur Überprüfung könnt ihr eure Bruchstreifen verwenden. Wer zuerst eine vereinbarte Punktzahl erreicht, gewinnt.
b) Variante: Nachdem die erste Person gewürfelt hat, sagt sie, ob die andere einen größeren oder einen kleineren Bruch würfeln muss, um zu gewinnen.

Merke
Bei einem echten Bruch ist der Zähler kleiner als der Nenner. Oder kurz: ein echter Bruch ist immer kleiner als 1 Ganzes.

3 a) Welche echten Brüche kannst du mit zwei normalen Würfeln erzeugen?
b) Welche sind gleich groß? Erkläre, warum.
c) Ordne die möglichen Ergebnisse der Größe nach.

Du hast den Bruch $\frac{1}{4}$ gewürfelt.

4 [✂] Um vom Start zum Ziel zu gelangen, musst du die Kärtchen verwenden, jedes aber nur einmal. Wenn du z. B. *kleiner* wählst, musst du zum nächsten Bruch gehen, der kleiner ist als der, bei dem du gerade stehst.
Beispiel: Du stehst am Startplatz $\frac{1}{2}$. Der nächste kleinere Bruch wäre $\frac{1}{8}$.
a) Versuche vom Start zum Ziel zu kommen.
b) [👥] Spielt zu zweit. Wer braucht die wenigsten Kärtchen?
c) [👥] Wer schafft es vom Start zum Ziel mit allen Karten?

Start $\frac{1}{2}$	$\frac{4}{10}$	$\frac{4}{4}$	$\frac{1}{10}$
$\frac{2}{3}$	$\frac{2}{8}$		$\frac{1}{5}$
$\frac{1}{8}$	$\frac{5}{8}$		$\frac{6}{8}$
$\frac{2}{5}$	$\frac{3}{8}$		$\frac{2}{10}$
$\frac{2}{7}$	$\frac{3}{4}$		$\frac{1}{4}$
$\frac{2}{4}$	$\frac{2}{5}$		$\frac{1}{15}$
$\frac{3}{5}$	$\frac{1}{9}$		$\frac{3}{12}$
$\frac{3}{3}$	$\frac{2}{10}$		$\frac{1}{5}$
$\frac{1}{7}$	$\frac{3}{5}$		$\frac{4}{5}$
$\frac{4}{6}$	$\frac{4}{8}$	$\frac{4}{5}$	1 Ziel

36

Brüche vergleichen

Du hast Riesenhunger. An welchen Tisch würdest du dich setzen, um mehr Pizza zu bekommen? Warum?

Brüche, die denselben Bruchteil beschreiben, nennen wir **gleichwertig** oder gleich groß:

$\frac{3}{4}$ sind genauso groß wie $\frac{6}{8}$

$\frac{3}{4} = \frac{6}{8}$

 =

oder:
Wenn man 3 Pizzas an 4 Kinder verteilt, erhält jedes Kind genauso viel, wie wenn 6 Pizzas an 8 Kinder verteilt werden.

---

1 a) Welche der dargestellten Brüche sind genauso groß wie $\frac{1}{3}$? Wie heißen die Brüche?
b) Sind die anderen Brüche größer oder kleiner als $\frac{1}{3}$?

1)   2) 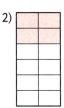 3) 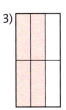 4)   5)   6)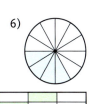

7)   8)

2 a) Welche Brüche sind genauso groß wie $\frac{2}{5}$? Schreibe sie als Brüche und zeichne sie in dein Heft.
b) Beschreibe eine Situation, um deine Auswahl zu erklären.
c) Wähle dir zwei andere Brüche, die denselben Wert haben. Zeichne und beschreibe eine Situation, die klar macht, wieso beide Brüche gleich sind.

3 Ist die Zeichnung rechts richtig? Begründe deine Antwort.

▷ Kasten, Seite 39

4 Drücke den Anteil der braunen Stückchen mit verschiedenen Brüchen aus.

a)   b)

c)

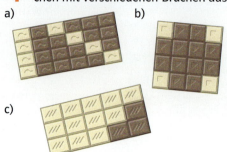

5 Welche Darstellungen zeigen Brüche, die gleich groß sind?
Welche zeigen die größten Brüche, welche die kleinsten?

a) 1) 2) 3) 4) 5) 6)

b) 1) 2) 3) 4) 5) 6) 7)

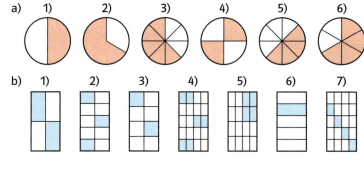

6 [✎] An je zwei Tischen sollen die Kinder gleich viel Pizza bekommen. Welche Pizzas gehören an welche Tische?

Tipp
An zwei Tischen bekommt jedes Kind eine halbe Pizza, an zwei Tischen bekommt jedes Kind zwei Drittel Pizza.

1)
2)
3)
4)
5)
6)

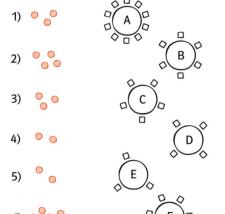

7 a) In den beiden Tabellen sollen jeweils nur gleich große Brüche stehen. Fülle sie entsprechend aus. Erkläre wie du vorgegangen bist.

1	3		2	
5		30		25	50

4		12		24		3
12		24		3	

b) Lassen sich in dieser Tabelle immer gleich große Brüche herstellen?

8	4		3	
12		24		25	36

8 Ergänze die fehlenden Zahlen.

a) $\frac{3}{5} = \frac{6}{\square}$ b) $\frac{12}{18} = \frac{4}{\square}$

c) $\frac{5}{6} = \frac{\square}{18} = \frac{10}{\square}$ d) $\frac{21}{30} = \frac{\square}{10} = \frac{14}{\square}$

e) [●] Formuliere eine Regel, wie man die fehlenden Zahlen in Teilaufgabe a) bis d) finden kann.

9 Größer, kleiner oder gleich?

a) $\frac{1}{2}$ h oder 35 min

b) 250 g oder $\frac{1}{4}$ kg

c) $\frac{3}{4}$ m oder 25 cm

d) 1 dm oder $\frac{1}{5}$ m

e) 350 g oder $\frac{3}{8}$ kg

f) 20 min oder $\frac{1}{4}$ h

10 Von welchem Blatt wurde mehr abgeschnitten? Begründe.

a) 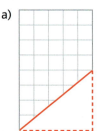   b)

38   ▷ Kasten, Seite 29 und 39

Aktiv **Kurs** Thema Kompakt Test

> **Argumente für das Vergleichen von Brüchen**
>
> Wenn du deinen Lösungsweg erklären willst, brauchst du mathematische Argumente. Beim Vergleichen von Brüchen können folgende Überlegungen hilfreich sein:
> – eine Zeichnung (Kreise, Rechtecke oder Streifen) anfertigen und die Bruchteile einzeichnen
> – die Bruchstreifen verwenden
> – eine Situation überlegen, in der die Brüche vorkommen
> – eine Tabelle verwenden
> – überprüfen, ob die Brüche gleich groß sind
> – überlegen, wie viel bei den Brüchen zum Ganzen fehlt
> – überprüfen, ob die Brüche größer oder kleiner als $\frac{1}{2}$ sind
> – schauen, ob die beiden Zähler gleich sind; dann die Nenner vergleichen
> – schauen, ob die beiden Nenner gleich sind; dann die Zähler vergleichen
>
> *$\frac{1}{3}$ ist mehr als $\frac{1}{4}$*
>
> *Stimmt! Wenn ich 1 Pizza an 3 Kinder verteile bekommt man mehr als wenn ich sie an 4 Kinder verteile.*
>
> *Ja ist richtig*
> $\frac{1}{4} | \frac{2}{8} | \frac{3}{12}$
> $\frac{1}{3} | \frac{2}{6} | \frac{3}{9} | \frac{4}{12}$
>
> ▷ Vergleiche die folgenden Brüche. Setze >; < oder = ein. Welche Strategien hast du verwendet?
>
> a) $\frac{2}{7}\ \square\ \frac{5}{7}$ b) $\frac{3}{5}\ \square\ \frac{9}{15}$ c) $\frac{1}{2}\ \square\ \frac{3}{4}$
> d) $\frac{1}{8}\ \square\ \frac{1}{9}$ e) $\frac{2}{5}\ \square\ \frac{4}{7}$ f) $\frac{6}{7}\ \square\ \frac{7}{8}$
> g) $\frac{4}{9}\ \square\ \frac{4}{5}$ h) $\frac{2}{3}\ \square\ \frac{3}{4}$ i) $\frac{2}{5}\ \square\ \frac{3}{10}$
>
> ▷ Erkläre jeweils, wie du verglichen hast.

11 Welcher Bruch ist größer? Begründe.
a) $\frac{1}{5}$ oder $\frac{1}{10}$ b) $\frac{3}{5}$ oder $\frac{3}{6}$
c) $\frac{4}{7}$ oder $\frac{3}{8}$ d) $\frac{3}{9}$ oder $\frac{1}{3}$
e) $\frac{2}{3}$ oder $\frac{3}{2}$ f) $\frac{5}{8}$ oder $\frac{7}{12}$
g) $\frac{5}{15}$ oder $\frac{2}{5}$ h) $\frac{9}{10}$ oder $\frac{17}{20}$
i) Bei welchen Brüchen war der Vergleich schwierig? Warum?

12 a) Welcher Bruch ist größer als $\frac{1}{2}$?
$\frac{4}{7}; \frac{3}{5}; \frac{2}{6}; \frac{1}{3}; \frac{12}{25}; \frac{1}{9}; \frac{2}{5}$
b) Welcher der Brüche von Teilaufgabe a) ist größer als $\frac{1}{3}$?

13 a) Die drei Freundinnen Mareike, Sonja und Annabel teilen sich in der großen Pause zwei Schokoriegel. Wie viel bekommt jedes der Mädchen?
b) Judith und Giovanna gesellen sich zu den dreien. Sie haben zwei Schokoriegel mit. Sie teilen alle Riegel auf. Wie viel bekommt jedes Mädchen?
c) Bekommt man bei Teilaufgabe a) oder b) mehr?
d) Führe die Geschichte fort.
Denke dir weitere Situationen aus, zeichne und vergleiche.

14 [👥] Sucht Brüche, die möglichst nahe bei 1 liegen.
Wer findet den besten?

Brüche auf dem Zahlenstrahl

15 a) Zeichne dir zwei Streifen in dein Heft. Färbe auf dem ersten Streifen $\frac{1}{5}$ und $\frac{1}{4}$, auf dem zweiten $\frac{3}{10}$ und $\frac{7}{20}$. Welche Bruchteile lassen sich gut auf diesen Streifen einzeichnen, welche sind schwierig?

b) Stelle dir zwei passende Streifen im Heft her, um $\frac{5}{12}$; $\frac{2}{9}$; $\frac{2}{3}$ und $\frac{3}{4}$ leicht einzutragen. Schaffst du es auch mit einem Streifen?

16 a) Zeichne die Streifen untereinander in dein Heft. Benenne die gefärbten Bruchteile.
b) Zeichne unter die Bruchstreifen einen Zahlenstrahl und gib dort alle Teilstriche als Bruch an.

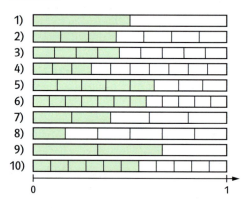

Brüche lassen sich auch auf einem **Zahlenstrahl** darstellen. Dadurch kann man schnell erkennen, welcher Bruch größer ist oder ob zwei Brüche gleich groß sind.

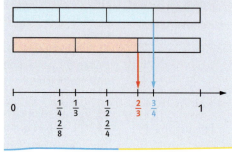

17 [✎] a) Zeichne dir eine 8 cm lange Strecke ins Heft und markiere die folgenden Brüche: $\frac{1}{2}$; $\frac{1}{4}$; $\frac{3}{4}$; $\frac{1}{8}$; $\frac{3}{8}$.
Zeichne direkt darunter eine 12 cm lange Strecke und markiere folgende Brüche: $\frac{1}{2}$; $\frac{1}{4}$; $\frac{3}{12}$; $\frac{1}{6}$; $\frac{3}{6}$.
Warum liegt $\frac{1}{2}$ auf dem 1. Streifen nicht direkt über $\frac{1}{2}$ auf dem 2. Streifen?
b) Zeichne auf einer 15 cm langen Strecke $\frac{2}{5}$; $\frac{2}{3}$; $\frac{4}{10}$; $\frac{4}{5}$ und $\frac{4}{6}$ ein.
c) [●] Zeichne auf einer passend gewählten Strecke $\frac{1}{2}$; $\frac{2}{5}$; $\frac{7}{20}$; $\frac{3}{4}$ und $\frac{1}{3}$ ein.

18 Welche Brüche sind in der Grafik markiert? Gibt es manchmal mehr als eine Lösung?

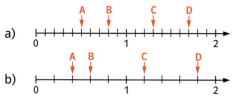

19 Sind die Brüche richtig der Größe nach sortiert? Begründe.
a) $\frac{2}{5}$; $\frac{2}{4}$; $\frac{2}{3}$ b) $\frac{1}{4}$; $\frac{2}{5}$; $\frac{3}{6}$

20 [●] Welcher Bruch liegt genau in der Mitte? Erkläre, wie du darauf gekommen bist.

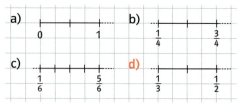

21 a) Eine Firma hat zwei Flaschengrößen, eine mit $\frac{1}{2}$ Liter Inhalt und eine mit $\frac{7}{10}$ Liter Inhalt. Sie möchte jetzt eine Flaschengröße auf den Markt bringen, deren Inhalt zwischen diesen Größen liegt. Welche Größe schlägst du vor?
b) Welcher Bruch liegt zwischen $\frac{1}{3}$ und $\frac{1}{2}$?
c) [👥] Denkt euch ähnliche Aufgaben aus und stellt sie anderen Gruppen.

Aktiv **Kurs** Thema Kompakt Test

Prozente

Merke
Wichtige Prozentangaben:
$\frac{1}{2} = \frac{50}{100} = 50\%$
$\frac{1}{20} = 5\%$
$\frac{1}{5} = 20\%$
$\frac{1}{4} = 25\%$
$\frac{1}{10} = 10\%$
$\frac{3}{4} = 75\%$
1 Ganzes = 100 %

Prozentangaben sind auch Bruchteile.
Prozent (abgekürzt %) heißt *von Hundert* und meint Hundertstel.
Beispiele: $1\% = \frac{1}{100}$
$37\% = \frac{37}{100}$

22 Wie viel Prozent sind hier gefärbt? Schätze. Gib die Prozentangabe auch als Bruchteil an.

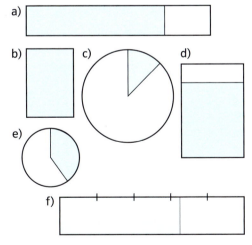

23 a) Zeichne ein Hunderterfeld ins Heft und färbe 10 %; 22 % und 45 %.
b) Zeichne ein Rechteck aus 1 × 20 Kästchen ins Heft und färbe 5 %; 10 %, 25 %.

24 [✎] Ordne die Brüche und Prozentangaben den Bildern zu.

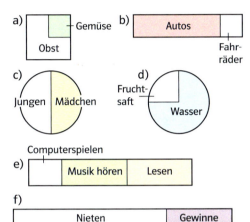

25 a) Wandle in Brüche um.
7 %; 30 %; 75 %; 40 %; 100 %
b) Wie viel Prozent sind das?
$\frac{1}{2}$; $\frac{2}{10}$; $\frac{23}{100}$; $\frac{4}{5}$; $\frac{1}{8}$

26 Im Streifen siehst du die Ergebnisse der Umfrage: „Wie viele Geschwister hast du?" Lies die Prozentanteile ab.

Anzahl der Geschwister

| 0 | 1 | 2 | 3 und mehr |

27 Findest du die drei Fehler in dem Kreisdiagramm?

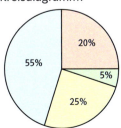

▷ Kasten, Seite 29

Mit Brüchen unterwegs

Das IC- und ICE-Netz der Deutschen Bahn (vereinfacht dargestellt) mit Fahrzeiten zwischen den angegebenen Orten.

Aktiv   Kurs   **Thema**   Kompakt   Test

1 Familie Schormann möchte in den Ferien mit dem Zug von Bielefeld nach Basel reisen. Welche Möglichkeiten gibt es? Wie lange dauert die Fahrt jeweils? Welches ist die schnellste Verbindung? Zeichne die Zeiten in eine Zeitleiste ein.

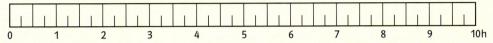

2 Frau Fernholz wohnt in Bremen und muss zu einer Tagung nach Berlin fahren. Gibt es mehrere Möglichkeiten? Wenn ja, welche ist die günstigste?

3 Wie lange braucht man von Stralsund nach Düsseldorf?

4 a) Zu welchen Städten kommt man von Hannover aus innerhalb von $2\frac{1}{2}$ Stunden?
b) Was geht schneller: Hannover – Basel oder Hannover – Passau?

5 Mache eine Rundreise durch Deutschland. Überlege dir eine interessante Fahrtroute.
Wie lange bist du unterwegs?

6 [👥] a) Die Deutsche Bahn wirbt damit, dass man mit dem ICE auf vielen Strecken schneller ans Ziel kommt als mit dem Auto. Vergleicht die Zahlen in der Tabelle mit denen auf der Karte.
b) Eine Familie will von Bremen nach Berlin fahren. Sollte sie den Zug oder das Auto nehmen?
Überlegt euch einige Argumente für das Auto und einige für den Zug.

von … nach	Entfernung	Fahrzeit
Hamburg – Hannover	155 km	$1\frac{1}{2}$ h
Hannover – Würzburg	370 km	$3\frac{1}{4}$ h
Würzburg – München	260 km	$2\frac{1}{2}$ h
Berlin – München	550 km	$5\frac{1}{4}$ h
Bielefeld – Basel	635 km	$5\frac{3}{4}$ h
Bremen – Berlin	360 km	$3\frac{3}{4}$ h

Gerundete Fahrzeiten zwischen verschiedenen Städten (nach ADAC-Angaben; Stand 2005)

7 [● 👥] Geschäftsleute benutzen oft das Flugzeug, um schneller in andere Städte reisen zu können. Aber ist das innerhalb von Deutschland wirklich schneller? Untersucht das für einige Flugrouten.
a) von Frankfurt nach München
b) von Bremen nach München
c) von Düsseldorf nach Berlin
d) von Frankfurt nach Hamburg

Flugzeiten

Bremen – München	$1\frac{1}{4}$ h
Frankfurt – München	55 min
Frankfurt – Hamburg	1 h
Düsseldorf – Berlin	65 min

Man muss spätestens 30 min vor dem Abflug am Flughafen sein.

Anfahrten zum Flughafen

Die Flughäfen liegen teilweise ein ganzes Stück außerhalb der Städte.
Fahrzeiten zwischen Innenstadt und Flughafen:

Berlin	27 min
Bremen	$\frac{1}{4}$ h
Düsseldorf	12 min
Frankfurt	28 min
Hamburg	$\frac{1}{2}$ h
München	41 min

Zeichnen und Rechnen

1 [●] Bei Yusef gab es eine große Geburtstagsparty mit Unmengen von Pizza. Da die Bleche nicht ganz leer geworden sind, machen sich die ganz Hungrigen über die Reste her. Welchen Teil einer ganzen Pizza bekommt jeder?

a)
b)
c)
d)
e)

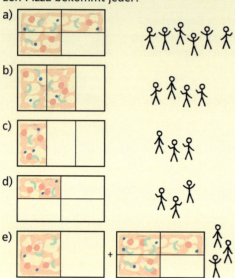

2 [●] Antonia schreibt Rechenaufgaben mit Brüchen und löst sie mit Zeichnungen.

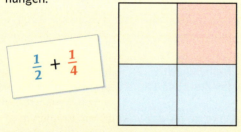

a) Wie konnte sie mithilfe des Bildes die Rechenaufgabe lösen?
b) Finde selbst solche Rechenaufgaben und löse sie mit einem Bild. Suche leichte und schwierige.

3 [●] a) In dieser Schokoladenpackung waren 18 Stückchen. $\frac{2}{6}$ der Stückchen wurden bereits genascht. Wie viele Stückchen sind das?
b) Wenn $\frac{5}{6}$ des Inhalts aufgefuttert wurden, wie viele Stücke sind noch übrig?

4 [●] Kannst du die Preise und Mengen berechnen? Erkläre deine Vorgehensweise.

a)
b)
c)

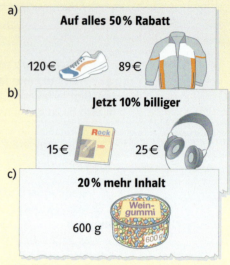

5 a) [●] Versuche $3 \cdot \frac{3}{4}$ zu berechnen. Wie kannst du das zeichnen?
b) Denke dir andere Multiplikationsaufgaben aus und löse sie mithilfe einer Zeichnung.
c) Wie kannst du solche Aufgaben auch ohne Zeichnung lösen?

6 [●] a) Wenn man bei einem Dreieck mit drei gleich langen Seiten alle Seitenmitten verbindet, erhält man das linke Bild. Der gefärbte Teil ist $\frac{1}{4}$ des großen Dreiecks. Wenn man nun wieder die Seitenmitten verbindet, entsteht das mittlere Bild. Wie groß ist hier der gefärbte Teil? Welcher Teil ist im rechten Bild gefärbt?

Stufe 1   Stufe 2   Stufe 3

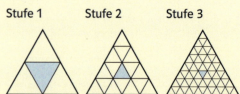

b) Wie wäre das bei Stufe 4 und 5?
c) Hast du eine Regel entdeckt, mit der man die Reihe x-beliebig fortführen könnte?

▷ Kasten, Seite 39

Aktiv　　Kurs　　Thema　　**Kompakt**　　Test

Bruchteile **Brüche**	Wird ein Ganzes ohne Rest in gleich große Teile geteilt, so erhält man Bruchteile. Bezeichnungen für diese Bruchteile sind z. B. Halbe, Drittel, Viertel.	*Teilt man ein Ganzes in drei Teile, erhält man Drittel.* 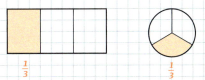
Zähler **Nenner** **Bruchstrich**	Bruchteile lassen sich unterschiedlich darstellen: – als Zahl: $\frac{2}{3}$ – als Bild – als Situationen, z. B.: Verteile 2 Pizzas an 3 Kinder. – als Mischung, z. B.: Apfelsaftschorle: Mische 2 Teile Saft mit 1 Teil Wasser.	*Zähler 2* *Bruchstrich —* *Nenner 3* 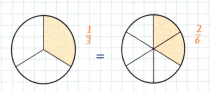 *Apfelsaft Wasser Apfelsaftschorle* $\frac{2}{3}$ *der Apfelsaftschorle ist Apfelsaft.*
Gleichwertige Brüche	Brüche können gleich groß sein, aber unterschiedlich aussehen. Beispiel: $\frac{1}{3} = \frac{2}{6}$	
Brüche auf dem Zahlenstrahl	Brüche lassen sich auf dem Zahlenstrahl eintragen. Der jeweils größere Bruch steht rechts vom kleineren.	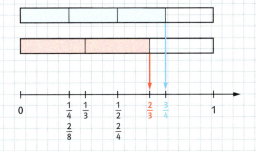
Prozente	Prozente sind eine andere Schreibweise für Brüche. $1\% = \frac{1}{100}$ 100 % bedeutet 1 Ganzes.	*Weitere wichtige Prozentangaben:* $10\% = \frac{1}{10}$　　$25\% = \frac{1}{4}$ $50\% = \frac{1}{2}$　　$75\% = \frac{3}{4}$

Aktiv   Kurs   Thema   Kompakt   **Test**

[einfach]

1 Zwei Pfannkuchen sollen gerecht an drei Kinder verteilt werden.
a) Zeichne deine Lösung.
b) Wie viel bekommt jedes Kind?

2 a) Welcher Bruchteil ist in der Grafik gefärbt?
1)   2)

b) Zeichne ein 25 x 4 Kästchen großes Rechteck in dein Heft und färbe mit verschiedenen Farben $\frac{3}{4}$ und $\frac{3}{5}$.

3 Vergleiche die Pizzastücke in Bild 1 und 2. Bekommt man gleich viel? Begründe deine Antwort.
1)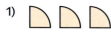
2)

4 Suche für die grüne Karte einen kleineren Bruch als die Brüche auf den weißen Karten. Für die rote Karte wird ein größerer Bruch gesucht.
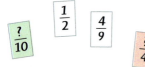

5 Welche Brüche sind markiert?
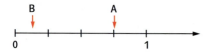

[mittel]

1 Zwei Pfannkuchen sollen gerecht an drei Kinder verteilt werden.
a) Zeichne zwei verschiedene Lösungen auf.
b) Wie viel bekommt jedes Kind?

2 a) Welcher Bruchteil ist in der Grafik gefärbt?
1)   2)

b) Zeichne ein 25 x 4 Kästchen großes Rechteck in dein Heft und färbe mit verschiedenen Farben $\frac{3}{4}$; $\frac{4}{25}$ und $\frac{3}{10}$.

3 Vergleiche die Pizzastücke in Bild 1 und 2. Bekommt man gleich viel? Begründe deine Antwort.
1)
2)
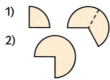

4 Suche für die grüne Karte einen kleineren Bruch als die Brüche auf den weißen Karten. Für die rote Karte wird ein größerer Bruch gesucht.

5 Welche Brüche sind markiert?

[schwieriger]

1 Drei Pfannkuchen sollen gerecht an fünf Kinder verteilt werden.
a) Zeichne zwei verschiedene Lösungen auf.
b) Wie viel bekommt jedes Kind?

2 a) Welcher Bruchteil ist in der Grafik gefärbt?
1)   2)

b) Zeichne ein 25 x 4 Kästchen großes Rechteck in dein Heft und färbe mit verschiedenen Farben $\frac{2}{5}$; $\frac{3}{8}$; 20 % und 12 %.

3 Vergleiche die Pizzastücke in Bild 1 und 2. Bekommt man gleich viel? Begründe deine Antwort.
1)
2)

4 Suche für die grüne Karte einen kleineren Bruch als die Brüche auf den weißen Karten. Für die rote Karte wird ein größerer Bruch gesucht.

5 Welche Brüche sind markiert?
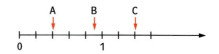

3

Wie kommen wir zu unseren Klassenkameraden?

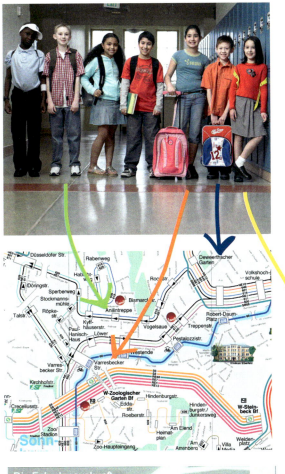

In eurer neuen Klasse kommen die Mitschülerinnen und Mitschüler nicht mehr wie in der Grundschule aus nah beieinander liegenden Wohngebieten, sondern aus der ganzen Stadt, oft auch aus den angrenzenden Kreisen.

Wisst ihr,
– wo eure Klassenkameraden wohnen?
– wie weit ihr Schulweg ist?
– welche öffentlichen Verkehrsmittel sie benutzen?
– wie lang ihre Fahrzeit ist?
– wie ihr euch auf dem Stadtplan den Weg erklären könnt?

In diesem Kapitel lernt ihr,

▷ wie man sich auf dem Stadtplan orientiert.
▷ wie man Entfernungen ermittelt.
▷ wie man mit Längen rechnet.
▷ wie man Fahrpläne benutzt.
▷ wie man mit Zeiten rechnet.
▷ wie man Weg-Zeit-Diagramme liest und erstellt.

47

3.1 Aktiv Kurs Thema Kompakt Test

Auf dem Stadtplan orientieren

1 [👥 ✂] Wisst ihr, wo eure Klassenkameraden wohnen? Besorgt euch einen Stadtplan eurer Stadt, stellt die Adressen eurer Klassenkameraden zusammen, sucht die Wohnorte auf dem Stadtplan und markiert sie. Zeichnet eure Schulwege ein. Kennzeichnet eure Schule, eure Sporthalle, euren Sportplatz.

2 Nadine hat sich die Adressen ihrer Mitschülerinnen und Mitschüler vom Gruppentisch aufschreiben lassen. Suche ihre Wohnorte in der Karte.

3 a) Deborah und Sascha wollen sich besuchen und die Wegbeschreibungen notieren.
Erstelle die Wegbeschreibungen.
b) [👥] Vergleiche deine Wegbeschreibung mit deinem Nachbarn/deiner Nachbarin. Diskutiert eure Vorschläge.

4 Suche einige der Straßen des nebenstehenden Straßenverzeichnisses auf dem Stadtplan.

Sascha
Hombüchel 57

Deborah
Laurentiusstr. 24

Marcel
Zimmerstr. 38

Tai
Friedrich-Ebert-
Straße 87a

**Innenstadt
Wuppertal-Elberfeld**

Alte Freiheit → B2
Bahnhofstraße → A1, B1, B2
Bundesallee → A2, B2, C2
Calvinstraße → B2
Döppersberg → B2, C2
Else-Lasker-Schüler-Straße → B3
Friedrich-Ebert-Straße → A2
Hombüchel → A3
Islandufer → A2, B2
Johannisberg → A1, B2
Kerstenplatz → B3
Kleine Klotzbahn → A3
Laurentiusstraße → A2
Luisenstraße → A2
Neumarkt → B3
Paradestraße → B3
Rommelspütt → B3
Südstraße → A1, A2, B2
Turmhof → B2
Wilbergstraße → B3
Zimmerstraße → A2

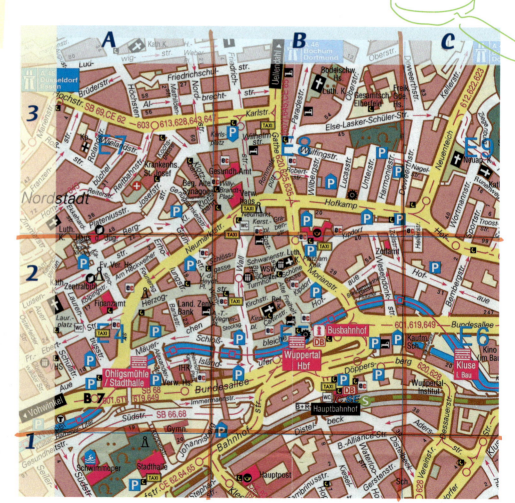

48

Aktiv Kurs Thema Kompakt Test

5 [●] Die Sportlehrerin schreibt den Kindern die Adresse des Schwimmbads auf: Schwimmoper an der Südstraße. Anusche beschreibt Matthias den Weg von der Schule zum Schwimmbad:

„Du gehst zuerst die Else-Lasker-Schüler-Straße und die Paradestraße hinunter. Dann benutzt du den Fußgängerüberweg und kommst geradeaus in den Rommelspütt. Du läufst über den Neumarkt und gehst dann den Wall entlang. Die Brücke zwischen Schlossbleiche und Islandufer benutzt du, um die Wupper zu überqueren. Wenn du an der Fußgängerampel die Bundesallee überquert hast, biegst du rechts in die Südstraße ein. Die gehst du hoch, bis du das Schwimmbad siehst. Kurz vor dem Schwimmbad ist ein Zebrastreifen."
Versuche, den beschriebenen Weg im Stadtplan zu finden.

6 Tai will alle Straßen, die er auf seinem Schulweg durchläuft, untereinander notieren.

Tipp
C2 ist das Feld, das zum Bereich unter dem Buchstaben C und auch zum Bereich rechts von der Zahl 2 gehört.

Friedrich-Ebert-Straße, A2

Ergänze die Wegbeschreibung in deinem Heft.

7 Tai und Marcel wollen sich treffen, um einen Teil des Schulweges zusammen zu gehen. Tai schlägt als Treffpunkt *Luisenstraße, Ecke Kleine Klotzbahn* vor. Marcel meint, dass *Wilhelmstraße, Ecke Gathe* günstiger sei. Was meinst du?

8 [👥] Sucht folgende Sehenswürdigkeiten der Innenstadt von Wuppertal im Stadtplan:
– Zuckerfritze (Kerstenplatz)
– Minna Knallenfalls (Alte Freiheit)
– Rathaus (Neumarkt)
– Stadthalle (Johannisberg)
– Schwebebahn

Schwebebahn

Minna Knallenfalls

49

Stadtplan

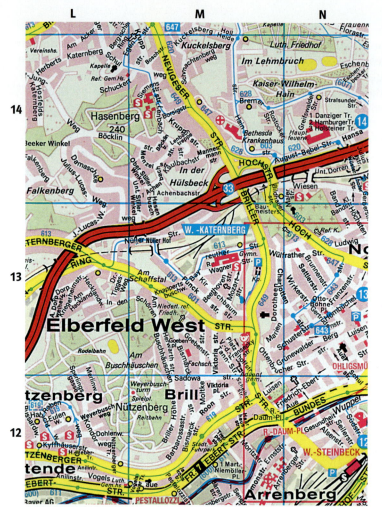

Das Wort *Orientierung* hat seinen Ursprung im lateinischen Wort *oriens*, was so viel wie aufgehende Sonne (Osten) bedeutet. Heute hat es die Bedeutung von *sich zurechtfinden*.
Eine Hilfe, um sich in einer fremden Stadt zurechtzufinden, ist der Stadtplan.

> Ein **Stadtplan** besteht aus einem Kartenteil und einem Straßen- bzw. Gebäudeverzeichnis.
> Als Orientierungshilfe ist über den Stadtplan ein **Gitternetz** gelegt, das die Stadt in rechteckige Gebiete einteilt.
> Häufig lassen sich die Rechtecke mit den am Rand vermerkten Buchstaben und Ziffern eindeutig beschreiben.

Beispiele
a) Das Rechteck rechts oben in unserem Stadtplan wird mit N 14 bezeichnet.
b) Der Ortsteil *Brill* befindet sich im Gitterfeld mit der Bezeichnung M 12.
c) Den Bahnhof *Wuppertal-Steinbeck* findest du im Gitterfeld N 12.

1 Im Folgenden findest du Adressen von Schülerinnen und Schülern sowie die Gitternetzzahlen der Straßen. Suche die Wohnorte aus dem Stadtplanausschnitt.

Name	Adresse	Gitternetzzahl
Müller	Beethovenstraße	M 13
Balvice	Franzenstraße	N 13
Renner	Briller Höhe	M 12
Tekin	Damaschkeweg	L 14

2 Welcher Platz befindet sich entlang der Linie, an der sich die Felder M 12 und N 12 berühren?

3 Öffentliche Gebäude sind in Stadtplänen meistens rot markiert.
Welche öffentlichen Gebäude befinden sich in dem angegebenen Gitterfeld?
a) M 13   b) N 14   c) M 14

4 [●] a) In welchem Gitterfeld liegt die Haltestelle *Ohligsmühle*?
b) In welchen Gitterfeldern liegt der *Hasenberg*?
c) Welche Angaben stehen im Straßenverzeichnis für die *Briller Straße*?
d) [👥] Stellt euch gegenseitig weitere Fragen. Welche Möglichkeiten gibt es?

Übrigens
Die Hausnummern beginnen in der Regel mit der 1 im Stadtzentrum bzw. an dem Teil der Straße, der dem Stadtzentrum am nächsten liegt.

Aktiv **Kurs** Thema Kompakt Test

Koordinatensystem

R: Rathaus
P: Postamt
B: Bahnhof
S: Schwimmbad
M: Museum

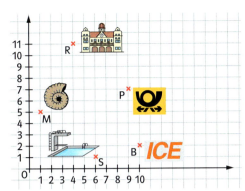

Auch in der Geometrie ist es oft notwendig, bestimmte Stellen einer Fläche eindeutig zu bezeichnen. Allerdings beschreibt man dabei, im Unterschied zum Stadtplan, bestimmte Punkte mithilfe von Zahlen. Versuche die Lage der Gebäude zu beschreiben.

Merke

Markiere einen Punkt im Gitter immer so: ×
Wichtig: Zuerst Rechtswert, dann Hochwert.

Zur genauen Beschreibung der Lage von Punkten verwendet man ein Netz aus senkrecht aufeinander stehenden Linien: das **Koordinatensystem**.
Die erste Zahl (Rechtswert) gibt an, wie weit man vom Nullpunkt aus auf der Rechtsachse gehen muss.
Die zweite Zahl (Hochwert) gibt an, wie weit man in Richtung Hochachse gehen muss.

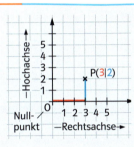

Der Punkt P wird durch folgendes Zahlenpaar beschrieben: P(3|2). Diese Zahlen nennt man die **Koordinaten** des Punktes P.

1
a) Übertrage das Koordinatensystem oben in dein Heft. Gib die Koordinaten der öffentlichen Gebäude an.
b) Zeichne die Verbindungslinien (Strecken) zwischen den Gebäuden (Punkten) S und R bzw. M und P. Gib die Koordinaten des Schnittpunktes an.
c) Welche Verbindungsstrecken schneiden sich außerdem? Gib jeweils die Koordinaten der Schnittpunkte an.

2 Monika wohnt im Haus $H_1(2|8)$ und besucht die Schule $S_1(8|2)$. Maike wohnt in $H_2(8|3)$ und geht in die Schule $S_2(2|3)$. Trage die Orte in ein Koordinatensystem ein und lies ab, wo die Schulwege sich treffen.

3 Der Schulbezirk der Schule S(6|4) ist durch die Verbindung der Eckpunkte A(3|1), B(9|2), C(8|4), D(6|7), E(4|6) und F(3|4) gegeben. Gib die Koordinaten der Punkte an, die innerhalb des Bezirks liegen.

4 a) Timo wohnt in T(5|4). Liegt die Schule $S_1(9|6)$ oder $S_2(1|6)$ näher?
b) Gib Punkte an, die von den beiden Schulen gleich weit entfernt sind. Wie viele Punkte findest du? Wo liegen sie?

5 Übertrage die Figur ins Heft.

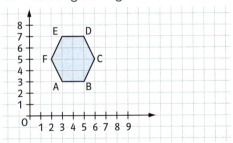

Verbinde den Punkt K(2|10) mit L(2|8) und mit M(3|8). Verbinde dann L und M mit E. Verbinde den Punkt O(6|10) mit P(6|8) und mit R(5|8). Verbinde dann P und R mit D. Trage zuletzt noch die Punkte G(4|4), H(3|5) und I(5|5) ein.

▷ Mathematische Werkstatt, Seite 181–183

3.2 Aktiv Kurs Thema Kompakt Test

Entfernungen ermitteln

1 [👥] Wisst ihr, wie weit der Schulweg eurer Klassenkameraden ist, wie weit es bis zur Turnhalle, zum Schwimmbad ist? Überlegt euch verschiedene Arten, wie man Entfernungen ermitteln kann. Beschreibt die Verfahren und tragt Vorteile und Nachteile zusammen.

2 Wo können Kinder wohnen, die gleich weit von der Schule entfernt wohnen wie Merisa? Wie kannst du dies mithilfe der Karte ermitteln?

3 Merisa wohnt in der Wiesenstraße. Diese ist von der Schule per Luftlinie 1 km entfernt. Schätze mithilfe der Karte die Entfernung der Wohnorte von:
- Marcel, Zimmerstraße
- Ken, Hombüchel
- Sabine, Victoriaplatz
- David, Bayreuther Straße
- Tarik, Lilienthalstraße

Maßstab 1 : 20 000

Übrigens
Die Entfernung per Luftlinie entspricht der Länge einer gespannten Schnur auf der Karte.

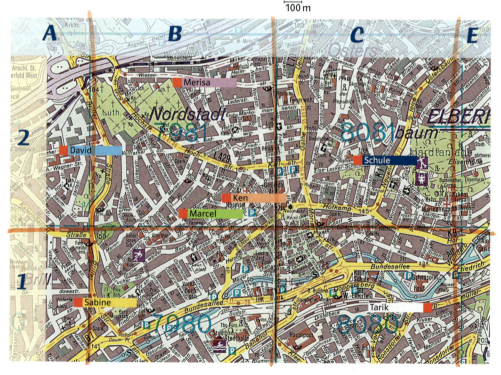

▷ Mathematische Werkstatt, Seite 181–183

Aktiv Kurs Thema Kompakt Test

4 a) Schätze die Entfernungen von deinem Schulgebäude
– bis zur Turnhalle
– bis zur Mensa
– bis zur nächsten Haltestelle
– bis zur nächsten Telefonzelle
– bis zur Schwimmhalle
– bis zur Bibliothek.
b) [👥 ✂] Fertigt euch eine Messschnur von 10 m Länge an. Kennzeichnet 1 m, 2 m, 3 m, …, 10 m. Überprüft damit einige eurer geschätzten Werte.

5 Michael schätzt: „Die Schulwege aller Kinder in unserer Klasse ergeben in einer Woche eine Strecke, die länger ist als Deutschland in der Nord-Süd-Erstreckung". Was meinst du?

Wie viele Kinder?
Wie viele km?
Wie viele Tage?
…?

6 Hast du schon einmal die Entfernung einer kürzeren Distanz ermittelt, indem du den Weg abgeschritten bist? Ermittle auf diese Art und Weise, wie weit Kinder, die einen kurzen Schulweg haben, von der Schule entfernt wohnen. Bestimme dazu zunächst deine Schrittlänge.

7 [@] Bestimme die Entfernung zwischen deinem Wohnort und der Schule mit dem Fahrradtacho.
Berechne, wie viele Kilometer dein Schulweg in der Woche, im Monat beträgt.

8 [●] Sabine (siehe Aufgabe 3) behauptet: „Wenn ich jeden Tag mit dem Fahrrad zur Schule fahre, radle ich im Monat mehr als 2000 km." Gibt sie an?

▷ Mathematische Werkstatt, Seite 181–183

Längen

Übrigens

1 Klafter
= 4 Ellen
= 6 Fuß
= 8 Spannen
= 24 Handbreiten
= 96 Fingerbreiten

Früher benutzte man die Arme, die Beine oder die Finger zum Messen von Längen. Diese Körperteile sind aber nicht bei allen Menschen gleich lang. Du kannst dir sicher vorstellen, dass es deshalb mit diesen Maßen häufig Streit gab.
Um Längen einheitlich messen und um Streit vermeiden zu können, haben sich viele Länder 1799 auf den Meter, als 40-millionstel Teil des Erdumfangs, als Grundmaß geeinigt. Das damit bestimmte Urmeter aus Metall liegt heute in *Sèvres* bei Paris.

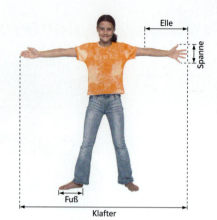

Diese Längenmaße benutzt man zum Messen von Längen:

Kilometer	km
Meter	m
Dezimeter	dm
Zentimeter	cm
Millimeter	mm

1 km = 1000 m
1 m = 10 dm
1 dm = 10 cm
1 cm = 10 mm

Beispiele

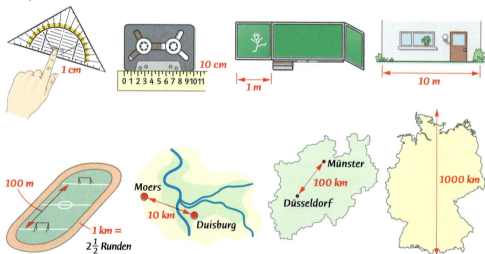

1 Sarah und Melissa haben Angaben über ihre Schulwege notiert. Die Maßeinheiten fehlen. Ergänze sie.
Vom Klassenraum bis zur Treppe sind es 35 ☐. Vom Schulhof bis zur Bäckerei sind es 1,5 ☐. Der Schulflur ist 3,5 ☐ breit. Von der Schule bis zum Rathaus sind es 2 ☐.

2 Welche Einheiten sind zum Messen folgender Längen geeignet?
- Dicke eines Buches
- Höhe eines Kirchturmes
- Beinlänge einer Spinne
- Entfernung zwischen zwei Städten
- Weltrekord im Weitsprung

54

3 Ordne die folgenden Gegenstände der Länge nach. Beginne mit der kleinsten. Ein Pkw, ein Heft, ein Bett, eine Geschosshöhe eines Hauses, ein Lkw, ein Radiergummi. Notiere die geschätzte Länge der Dinge und kontrolliere dann durch Messen.

4 Nenne Dinge, die ungefähr folgende Länge haben.
a) 4 cm; 14 cm; 21 cm; 30 cm
b) 2 m; 3 m; 5 m; 25 m
Prüfe die Ergebnisse so weit wie möglich mit dem Maßband nach.

5 Wandle um
a) in **mm**: 5 cm; 2 dm; 4 m; 7 km; 7 cm 8 mm; 3 dm 2 mm; 3 m 4 dm 2 mm
b) in **cm**: 7 dm; 13 dm; 32 m; 30 mm; 5 m 5 cm; 13 dm 5 cm; 14 m 50 mm
c) in **m**: 3 km; 300 cm; 350 dm; 3000 mm; 3 km 5 m; 30 km 500 m; 3 km 50 m.

6 Wandle in die kleinere Einheit um.
a) 5 m 6 cm; 4 dm 8 cm; 57 m 7 cm
b) 8 km 985 m; 6 km 34 m; 13 km 7 m
c) 5 dm 5 mm; 13 cm 4 mm; 27 cm 24 m

Entfernungsangaben auf Wegweisern und Verkehrsschildern findest du häufig in **Kommaschreibweise**. Für die Umwandlung von Längenangaben in andere Längeneinheiten oder in die Kommaschreibweise eignet sich die Darstellung in der Stellenwerttafel.

km			m			dm	cm	mm
H	Z	E	H	Z	E			
	.		2	5	0	0		
			2	0	5	0		
	2	0	0	5	0			
						4	3	2
					4	3	2	

Beispiele:
2 km 500 m = 2,500 km oder kurz 2,5 km
2 km 50 m = 2,050 km = 2050 m
20 km 50 m = 20,050 km = 20 050 m
4 m 32 cm = 4,32 m = 432 cm
43 m 2 dm = 43,2 m = 432 dm = 4320 cm

Tipp
Kontrolliere mithilfe der Stellenwerttafel.

7 Achtung, Kommaschreibweise!
4,25 m = 4 m 25 cm = 4 m 2 dm 5 cm
a) 3,5 cm; 13,24 m; 2,342 km
b) 3,02 m; 5,070 km; 33,004 km
c) 3,04 m; 13,005 m; 45,01 dm

8 Schreibe mit Komma.
a) 5 km 555 m; 5 km 55 m; 5 km 5 m
b) 4 m 4 cm; 4 m 44 cm; 4 m 444 cm
c) 7 m 7 dm; 7 m 7 cm; 7 m 7 mm

9 Suche die Fehler und korrigiere.
a) 5 m 5 cm = 5,5 m   b) 2 km 20 m = 2,20 km
c) 550 mm = 5,5 m   d) 18 cm 18 mm = 18,18 cm
e) 7 km 77 m = 7,077 km
f) 5 dm 5 mm = 0,55 m
g) 30 m 30 dm 30 mm = 30,303 m

10 Welche Paare gehören zusammen?
a) 8,008 km; 8 km 80 m; 8008 m; 8080 m
b) 123,4 cm; 1,234 km; 1234 mm; 1234 m
c) 9 m 87 cm; 987 mm; 987 cm; 98,7 cm

11 [●] Ergänze in deinem Heft.
a) 3,62 m = 362 ☐   b) 12 m 8 cm = ☐ cm
c) 44 ☐ 8 ☐ = 44,8 dm   d) 78,3 ☐ = 78 m 3 ☐
e) ☐ cm = 8 cm 7 mm   f) 0,48 km = ☐ m

12 [●] Ordne der Größe nach.
a) 4 m 6 dm; 4,06 m; 466 cm
b) 1030 m; 1 km 3 m; 10 km 30 m
c) 0,85 m; 8 dm 50 cm; 85 dm
d) 1,21 dm; 1,12 m; 1 m 2 dm
e) 4 m 44 dm; 40 m 4 dm; 44,44 m

13 Im Alltag geben wir Längen oft in Bruchteilen von einem Meter, einem Kilometer, einem Zentimeter, … an.

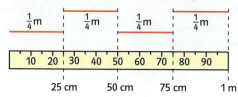

a) Gib in cm an: $\frac{1}{2}$ m; $\frac{1}{2}$ dm; $\frac{3}{4}$ m

b) Gib in m an: $\frac{1}{2}$ km; $\frac{1}{4}$ km; $\frac{3}{4}$ km

c) Gib in mm an: $\frac{1}{2}$ cm; $\frac{1}{4}$ dm; $\frac{3}{4}$ m

14 [●] Schreibe die Längen wie im Beispiel.

$1\frac{1}{4}$ m = 1 m + $\frac{1}{4}$ m = 100 cm + 25 cm
             = 125 cm

a) Wie viel m sind: $2\frac{1}{2}$ km; $3\frac{1}{4}$ km; $4\frac{3}{4}$ km?

b) Wie viel cm sind: $1\frac{1}{2}$ dm; $7\frac{1}{4}$ m; $2\frac{3}{4}$ m?

c) Wie viel mm sind: $2\frac{1}{2}$ cm; $3\frac{1}{4}$ dm; $7\frac{3}{4}$ mm?

15 [●] Wie können die Längen noch anders geschrieben werden? Welche Möglichkeiten findest du?

a) in km: 250 m; 750 m; 1500 m; 2750 m

b) in m: 5 dm; 25 cm; 175 cm; 550 cm.

16 Schätze die Länge der Nägel und miss dann nach.

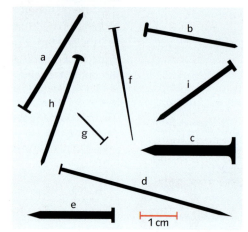

ℹ **Das Längenmaß in der Geschichte**

Das Metermaß ist zwar schon 200 Jahre alt, aber dennoch sind in vielen Bereichen die alten Maße recht beharrlich.
Moderne ICE-Züge fahren auf einer Spurweite von 4 **Fuß** und 8,5 **Zoll** (1435 mm), Piloten fliegen ihre Jets in 10 000 **Fuß** Höhe,

16 Fuß = 1 Rute

Schiffe fahren in **Knoten** – Seemeilen (1852 m) pro Stunde, Felgendurchmesser beim Fahrrad und beim Auto werden in Zoll angegeben.

Diese Maße waren allerdings selten einheitlich, so schwankte die Länge des Fußes deutlich zwischen 25 cm und 35 cm.
Das heute noch gebräuchliche Fuß wurde vor 1000 Jahren von König Edgar festgelegt: „36 der Länge nach aneinander gelegte Gerstenkörner aus der Mitte der Ähre." Ein Fuß – englisch: 1 Foot – beträgt heute 30,48 cm.

„4 Fuß = 1 m"

▷ Kapitel 2, Seite 34

Rechnen mit Längen

Auf dem Fahrradtacho kannst du den Stand bei Abfahrt ablesen.
2,57 km beträgt der Weg zur Schule.
Wie lautet der Tachostand nun?

Addieren und Subtrahieren von Längen

a) Längenangaben mit unterschiedlichen Einheiten wandelt man zunächst in die kleinste Einheit um. Dann wird spaltenweise addiert bzw. subtrahiert.

b) Längenangaben in der Kommaschreibweise schreibt man so untereinander, dass stets Komma unter Komma steht. Dann wird spaltenweise addiert bzw. subtrahiert.

Tipp
Du vermeidest Fehler, wenn du Endnullen ergänzt.
2,5 km = 2,500 km

```
3 m 40 cm + 254 cm
= 340 cm + 254 cm

   340 cm
 + 254 cm
 ────────
   594 cm
```

```
3,542 km - 245 m
= 3542 m - 245 m

   3542 m
 -  245 m
 ────────
   3297 m
     11
```

```
  3,567 km
+ 0,467 km
+ 2,500 km
+ 3,000 km
──────────
  9,534 km
   1 1 1
```

```
  5,641 km
- 0,324 km
- 1,062 km
- 2,500 km
──────────
  1,755 km
   1 1 1
```

1 Bianca war mit ihrem Vater am Wochenende auf Fahrradtour. Die einzelnen Etappen betrugen 25,45 km; 56,7 km und 47,29 km. Wie lang war die Tour insgesamt?

Tipp
Überschlage erst, rechne dann aus. Die Überschlagsrechnung dient dir als Probe.

2 Als Simon zu Hause losfuhr, zeigte sein Fahrradtacho 256,25 km, als er die Schule erreichte, 261,18 km. Wie viel km beträgt Simons Schulweg?

3 Gamal und David haben die Länge der Schulwege ihrer Klassenkameraden notiert: Nadine: 5,5 km; Adam: 3500 m; Gamal: 3 km; David: 4 km 700 m; Melanie: 2700 m; Elena: 3 km 50 m.
a) Wer hat den weitesten Weg?
b) Wie viele Meter beträgt der Schulweg der Kinder zusammen?
c) Um wie viele Meter unterscheiden sich die Wege?

4 Wandle zunächst um.
a) 15 cm + 5 mm
   105 cm + 35 mm
   35 cm + 350 mm
b) 3 dm + 50 mm
   2 m + 35 mm
   13 m + 460 mm
c) 23 m - 95 cm
   105 cm - 345 cm
   766 m - 4500 cm
d) 5 km - 1250 dm
   12 km - 465 dm
   37 km - 95 dm

5 Berechne.
a) 111 cm + 11 mm
   2 m + 222 cm
   333 km + 3333 cm
b) [●] 7 km - 1950 dm
   7 km - 195 dm
   7 km - 19,5 dm

6 Berechne.
a) 9,9 m + 9,9 m
   0,99 m + 0,99 m
   0,099 m + 0,099 m
   0,0099 m + 0,0099 m
b) 1 km - 0,1 km
   1 km - 0,01 km
   1 km - 0,001 km
   1 km - 0,0001 km

▷ Mathematische Werkstatt, Seite 164 – 167

Aktiv　Kurs　Thema　Kompakt　Test

7 Wandle zunächst um.
a) 3 m + 30 cm + 5 m + 85 cm
b) 40 cm + 13 mm + 2 dm
c) 5 km − 800 m − 1250 m
d) 2 m 8 dm − 19 dm − 85 cm

8 [●] Schreibe mit Komma.
a) 2,4 m + 3,8 dm + 80 cm
b) 88 mm + 0,92 dm + 5,3 cm
c) 0,92 km − 837 m − 0,04 km
d) 3,6 dm − 20 cm + 0,04 m

9 Wie viel fehlt jeweils noch zu 1 m?
a) 98 cm;　9 dm 4 cm;　95 mm
b) 0,9 m;　9 dm 9 cm 9 mm
c) 89 cm;　8,99 dm;　895 mm
d) 0,49 m;　4,95 dm;　49,8 cm

10 [●] Ein Auto ist 4,28 m lang. Ein Wohnwagen hat eine Länge von 5,78 m. Wie lang ist das Gespann?

11 Wenn eine Banane erzählen könnte…

> Ich bin weit gereist:
> Von der Plantage bis zum Lager im Hafen 1234 567 m. Mit dem Schiff von Südamerika nach Hamburg 12 968 km. Von Hamburg zum Großhändler nach Stuttgart 668,5 km. Vom Großhändler zum Supermarkt ca. 350 km. Vom Supermarkt bis zu dir nach Hause 800 m.
> Und nun isst du mich auf…

Überschlage, wie weit die Banane insgesamt gereist ist.

12 [●] Michael notiert sich jeweils am Montag und Freitag seinen Tachostand am Fahrrad.

	Montag	Freitag
1. Woche	76,45	86,97
2. Woche	86,99	100,56
3. Woche	112,86	123,39
4. Woche	123,39	134,67

Wie viel Meter ist er
a) in den einzelnen Wochen gefahren,
b) an den Wochenenden gefahren,
c) insgesamt gefahren?
Überprüfe, ob deine Ergebnisse stimmen können, indem du jeweils überschlägst.

13 Berechne die Ergebnisse. Überprüfe, ob dein Ergebnis stimmt, indem du jeweils die Probe machst.

```
    9,28 m       Probe:    3,56 m
  − 5,72 m               + 5,72 m
      1                      1
  ─────────              ─────────
    3,56 m                 9,28 m
```

a) 12,5 cm − 7,4 cm　　b) 6,12 m + 3,27 m
　 8,45 m − 7,02 m　　　 7,34 km + 2,18 km
c) 18,26 km + 39,58 km　d) 12,86 m + 9,77 m
　 143,7 cm − 56,6 cm　　553,2 km + 0,09 km

Überschlagen

Häufig ist es nicht wichtig oder sogar sinnlos, mit den ganz genauen Zahlen zu rechnen. Dann kann man das Ergebnis überschlagen – man rechnet dabei mit gerundeten Zahlen.

Beispiel:
Die Klasse 5a hat als Klassenfahrt eine 5-tägige Radtour durchgeführt. Der Klassenlehrer hat den Eltern vor der Klassenfahrt mitgeteilt, dass sie ungefähr 160 km fahren werden.
Am Ende jedes Tages notiert Maike die Tageskilometer, die ihr Fahrradtacho angibt.

Tag	Montag	Dienstag	Mittwoch	Donnerstag	Freitag
Kilometer	22,9	28,1	37,8	41,3	30,7

Stimmt die Angabe des Klassenlehrers?

58　　▷ Mathematische Werkstatt, Seite 164 – 167

Vervielfachen von Längen

14 Admir, Michael und Sarah haben die Anzahl ihrer Schritte von der Schule bis zu den Wohnorten von Sabine, Simone und Boris gezählt und in einer Tabelle festgehalten.

	Schritte bis zum Wohnhaus von		
	Sabine	Simone	Boris
Michael	358	27	83
Sarah	287	23	72
Admir	350	26	85

a) Berechne die jeweiligen Entfernungen.
b) [👥] Erklärt euch gegenseitig die verschiedenen Möglichkeiten zu rechnen. Wie rechnet ihr lieber? Begründet.

Boris rechnet:

Schrittlänge: 0,85 m = 85 cm

23 Schritte zu 85 cm, also

23 · 85
1 8 4
  1 1 5
1 9 5 5

Entfernung in Metern:
1955 cm = 19,55 m

Simone rechnet:

Schrittlänge: 0,85 m

23 Schritte zu 0,85 m, also

23 · 0,85   Überschlag:
1 8 4
  1 1 5   23 · 1 = 23
1 9,5 5

Die Entfernung beträgt 19,55 m

15 Rechne geschickt. Musst du alle Aufgaben berechnen?
a) 2345,6 m · 7
   234,56 m · 7
   23,456 m · 7
   2,3456 m · 7
b) 19 · 8,7654 km
   19 · 87,654 km
   19 · 876,54 km
   19 · 8765,4 km

16 Rechne im Kopf.
a) 80 cm · 7   b) 70 dm · 9   c) 15 cm · 6
d) 19 m · 8   e) 24 km · 4   f) 26 dm · 5

17 Überlege, wie du rechnen willst. Überprüfe durch Überschlagen.
a) 5,50 m · 4   b) 1,27 m · 4
   9,20 m · 8   2,19 m · 7
c) 3,90 m · 15   d) 8,26 m · 17
   45,80 m · 21   7,77 m · 77

18 Angela macht zweimal wöchentlich einen Waldlauf von 2600 m Länge. Welche Strecke legt sie in einem Jahr zurück, wenn sie insgesamt 38 Wochen pro Jahr trainiert?

19 [●] Die Schüler der Klasse 5a legen auf dem Schulhof ein Fußballfeld durch Abschreiten fest. Welche Ausmaße hat das Spielfeld?

Seite	Name	Schritte	Schrittlänge
1. Längsseite	Marcel	31	0,75 m
2. Längsseite	Sabine	27	0,80 m
1. Querseite	Tom	18	0,70 m
2. Querseite	Monika	13	0,85 m
Torseite	Simone	8	0,65 m

▷ Mathematische Werkstatt, Seite 176–178; Kasten, Seite 58

20 [●] Adam ist die eingezeichneten Strecken abgeschritten. Seine Schrittlänge beträgt 80 cm. Wie lang sind die anderen Strecken?

21 [●●] Ende 2002 waren in Deutschland rund 44 Mio. Pkw zugelassen. Wie lang wäre die Autoschlange, wenn alle Pkw hintereinander ständen? Wie oft würde diese Schlange in Nord-Süd-Richtung durch Deutschland reichen?

Teilen von Längen

22 [●] Wie lang ist jeweils ein Schritt? Wie rechnest du?

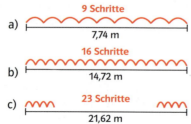

a) 9 Schritte — 7,74 m
b) 16 Schritte — 14,72 m
c) 23 Schritte — 21,62 m

d) [●●] Versuche für das Teilen von Längen Regeln zu formulieren.

23 Isabell legt auf ihrem Schulweg in einer Woche 37 km zurück.
a) Wie viele Kilometer muss sie an einem Tag zurücklegen?
b) Wie lang ist ihr Schulweg?

24 Zum Basteln muss eine Schnur von 120 cm Länge in acht gleich lange Stücke geschnitten werden.
a) Wie lang ist ein Stück Schnur?
b) Wie erhältst du acht gleich lange Teilstücke ohne zu messen?

25 Rechne im Kopf.
a) 144 m : 12   b) 81 km : 9
   121 cm : 11   63 mm : 7
c) 126 m : 9   d) 120 cm : 8
   105 dm : 7   147 km : 7

26 Berechne.
a) 350 dm : 7   b) 108 cm : 9
c) 672 mm : 12   d) 325 m : 13
e) 1869 km : 21 f) 9801 cm : 99

27 Wandle zuerst in eine kleinere Einheit um.
a) 2 m 5 dm : 5   b) 16 cm 5 mm : 15
   13 m 2 dm : 11   13 cm 5 mm : 9
c) 28 m 8 dm : 12   d) 622 cm 7 mm : 13
   101 m 22 dm : 2   71 cm 31 mm : 3

Teilen durch Längen

28 [●] Der Weg bis zur Telefonzelle beträgt 32 m, Peters Schrittlänge misst 80 cm. Wie viele Schritte benötigt er?

29 [●] Bei Schwimmwettbewerben beträgt die Bahnlänge 50 m. Wie viele Bahnen werden bei a) 400 m Brust b) 1500 m Freistil zurückgelegt?

30 [●] Bei einem Staffellauf legte jeder Läufer 2500 m zurück. Insgesamt wurden 62,500 km zurückgelegt. Wie viele Läufer waren am Start?

Abfahrt	
Hamburg Hbf	08:24
Hannover Hbf	09:42
Göttingen	10:19
Kassel-Wilhelmshöhe	10:39
Frankfurt (M.) Hbf	12:05
Mannheim Hbf	12:44
Karlsruhe Hbf	13:08
Offenburg	13:39
Freiburg (Brsg.)	14:11
Basel Bad Bf.	14:40
Basel SBB	14:55

Vernetzte Aufgaben

31 [●] Der ICE 73 fährt von *Hamburg Hauptbahnhof (Hbf)* nach *Basel Schweizer Bundesbahnhof (SBB)*.
a) Die Entfernung von Frankfurt nach Freiburg beträgt etwa 250 km. Berechne die Durchschnittsgeschwindigkeit auf der Strecke.
b) [@ 👥] Findet heraus, auf welcher Teilstrecke der Zug am schnellsten fährt. Nehmt einen Atlas zu Hilfe.

32 Ein Briefträger legt täglich eine Strecke von etwa 8 km zurück. Er trägt seine Post an 275 Tagen im Jahr aus. Stelle dir zu folgenden Angaben Fragen und berechne.
a) Er ist seit 20 Jahren im Dienst.
b) Die Erde hat einen Umfang von ungefähr 40 000 km.
c) Eine Schuhbesohlung reicht 2000 km und kostet 12 €.

33 Die Körpergrößen der Menschen sind sehr verschieden.
Der kleinste Mann der Welt ist 57 cm groß, der größte war 2,72 m. Die kleinste Frau war 61 cm groß, die größte 2,48 m.
a) Zeichne ein Säulendiagramm mit den Rekordhaltern in dein Heft, um dir die Größenunterschiede zu verdeutlichen. Zeichne eine Säule mit deiner eigenen Größe dazu.
b) Vergleiche die Größenunterschiede der Frauen, der Männer, …

34 Aishe, Konrad und Philipp gehen in die gleiche Klasse. Aishes Schulweg ist 350 m lang, Philipp muss nur die Hälfte gehen und Konrads Weg ist 4-mal so lang wie der von Philipp.
Wie lang sind die einzelnen Wege? Wie oft muss Aishe gehen, bis sie die gleiche Schulwegstrecke wie Konrad zurückgelegt hat?

35 [●●] Die ICE-Bahnstrecke von Frankfurt am Main nach Köln, die 2002 in Betrieb ging, ist etwa 200 km lang. Ihr Bau kostete rund 6 Milliarden Euro. Für einen Streckenkilometer wurden 1560 Gleisschwellen verlegt. Eine Gleisschwelle wiegt 260 Kilogramm. Ein 1 Meter langes Gleisstück aus Spezialstahl wiegt 60 Kilogramm.

a) Welche Aufgaben kannst du zu den Angaben stellen?
b) Ein ICE legt auf einem Streckenabschnitt in einer Minute etwa 4 Kilometer zurück. Wie viele Kilometer fährt er dann in einer Stunde? Wie lange würde er bei gleich bleibender Geschwindigkeit von Frankfurt nach Köln brauchen?
c) Die Bahn AG wirbt für den ICE mit dem folgenden Motto: „Doppelt so schnell wie das Auto, halb so schnell wie das Flugzeug." Erkläre.
d) Ein IC braucht für eine gleich lange Strecke ohne Zwischenhalt zwei Stunden und 20 Minuten. Mit welcher Durchschnittsgeschwindigkeit ist er unterwegs?
e) Ein Regionalexpress fährt mit durchschnittlich 75 Kilometern in der Stunde. Wie lange braucht er für diese Strecke?

▷ Mathematische Werkstatt, Seite 164 – 180; Kasten, Seite 15

3.3 Fahrpläne benutzen

Schwebebahn Linie 60	(montags bis freitags)	
Haltestellen	**Abfahrtszeiten**	
Wuppertal Vohwinkel	**7.**55	
– Bruch	56	
– Hammerstein	58	
– Sonnborner Straße	59	
– Zoo/Stadion	**8.**01	
– Varresbecker Straße	02	
– Westende	03	bis
– Pestalozzistraße	04	11.00
– Robert-Daum-Platz	06	alle
– Ohligsmühle/Stadthalle	07	5
– Wuppertal Hbf an	**8.**10	Min.
– Wuppertal Hbf ab	**8.**10	
– ?	12	
– ?	14	
– ?	16	
– Adlerbrücke	17	
– Alter Markt	20	
– Werther Brücke	22	
– Wupperfeld	23	
– Wuppertal-Oberbarmen Bf	**8.**25	

1 [👥 ✂] Wisst ihr, mit welchen Verkehrsmitteln eure neuen Klassenkameraden zur Schule kommen, welche Linien sie benutzen, wie lange sie fahren, wie häufig sie umsteigen müssen? Mithilfe eines Stadtfahrplans könnt ihr dies alles herausfinden. Besorgt euch einen bei dem Verkehrsbetrieb eurer Stadt und erklärt ihn euch gegenseitig.

2 Du findest hinter dem Namen einer Haltestelle folgende Zeichen. Was kannst du daraus schließen? Welche Busse halten an der Haltestelle *Neuenteich*, welche an der *Schleswiger Straße*? Benutze den Linienplan.

3 Domenik und Daniel möchten von der Haltestelle *Neuenteich* bis zur Haltestelle *Loher Brücke* oder *Loher Straße* fahren, um Melanie zu besuchen. Mit welchen Bussen können sie fahren? Wie häufig müssen sie umsteigen? Benutze den Linienplan.

4 Wie heißen die Schwebebahnhaltestellen zwischen der Haltestelle *Wuppertal Hauptbahnhof* und der Haltestelle *Adlerbrücke*? (Linienplan benutzen!) Wie lange braucht die Schwebebahn von der Anfangs- bis zur Endhaltestelle?

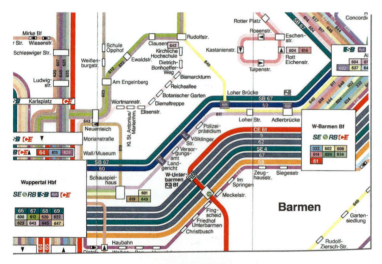

Linienplanausschnitt
SE: Stadtexpress
RB: Regionalbahn
SB: Städteschnellbus
CE: Cityexpress

Wissenswertes zur Wuppertaler Schwebebahn

Sie wurde in den Jahren 1898–1903 erbaut und ist seit 1901 in Betrieb. Mit einer Gesamtlänge von 13,3 km ruht sie auf 472 Stützen. Auf der Strecke gibt es insgesamt 20 Haltestellen, davon liegen 16 über Wasser. Im Jahr fahren durchschnittlich 23 Mio. Fahrgäste mit der Schwebebahn. Die mittlere Reiselänge beträgt 4,7 km.

Aktiv Kurs Thema Kompakt Test

5 [●] Benutze den Linienplan.
Notiere die Haltestellen der Linie 612 von *Wuppertal-Hauptbahnhof* bis *Rudolfstraße*.
Welche S-Bahnstation folgt nach *Wuppertal-Hauptbahnhof*? Auf welchen Teilstrecken verkehrt sowohl die Linie 607 als auch die Linie 645?

Übrigens
In jedem Stadtfahrplan findest du einen Linienplan, ein Haltestellenverzeichnis der einzelnen Linien sowie deren Fahrzeiten.

6 Benutze den Fahrplan und das Linienband der Linie 622.
Wie heißt die Anfangs- und die Endhaltestelle der Linie 622?
Wie heißen die im Linienband fehlenden Haltestellennamen?
Wie oft fährt die Linie 622 in der Stunde? Unterscheidet die einzelnen Tageszeiten.
Wie lange benötigt die Linie 622 zwischen verschiedenen Haltestellen? Untersuche verschiedene Möglichkeiten.

7 [👥] Stellt selbst weitere Aufgaben zusammen und löst sie gegenseitig.
Benutzt auch eure eigenen Fahrpläne.

Fahrplan Linie 622 *(montags bis freitags)*

Haltestellen	Abfahrtszeiten					
Wuppertal Hbf	**6.**11		**19.**11	**19.**30		**0.**30
– Wall/Museum	12		12	31		31
– Neuenteich	14		14	33		33
– Am Engelnberg	17		17	36		36
– Ewaldstraße	18		18	37		37
– Clausen	20		20	39		39
– Rudolfstraße	23		23	42		42
– Heusnerstraße	23		23	42		42
– Schönebecker Straße	24	alle	24	43	alle	43
– Schützenstr./Stadtwerke	27	20	27	46	30	46
– Leimbach	28	Min.	28	47	Min.	47
– Bürgerallee	29		29	48		48
– Hugostraße	30		30	49		49
– Klingelholl	32		32	50		50
– Germanenstraße	33		33	51		51
– Wichlinghausen Markt	35		35	53		53
– Wichlinghausen Postamt	35		35	53		53
– Görlitzer Platz	37		37	55		55
– Handelstraße	39		39	57		57
– Wichlinghauser Straße	41		41	59		59
– W.-Oberbarmen Bf	**6.**44		**19.**44	**20.**01		**1.**01

Wir haben um 15.45 Schulschluss, in 8 Minuten sind wir an der Haltestelle „Neuenteich". Wann können wir mit der Linie 622 in Richtung Oberbarmen fahren? Um wie viel Uhr sind wir an der Haltestelle „Heusnerstraße"? Wie lange sind wir dorthin unterwegs?

Simon hat den ersten Bus verpasst. Wann kommt er bei der Haltestelle „Leimbach" an? Sabine fährt bis zur Haltestelle „Klingelholl". Wie lange fährt sie mit dem Bus? Wie viel länger fährt sie mit dem Bus als Simon?

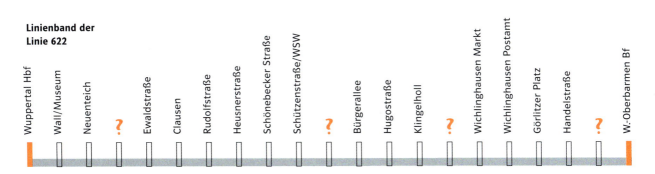

Linienband der Linie 622

Stunden, Minuten und Sekunden

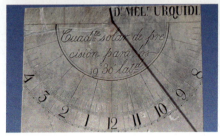

Welche Uhren kann man zum Messen von Fahrzeiten benutzen?
Lies die Zeiten auf diesen Uhren ab.
Erkläre oder schlage nach, wie die Uhren funktionieren.

Übrigens
Die Abkürzung h kommt vom lateinischen *hora* (englisch: *hour*), die Abkürzung d kommt vom lateinischen *dies* (englisch: *day*).

Die Zeiteinheiten sind:
Tage	d
Stunden	h
Minuten	min
Sekunden	s

$1\,d = 24\,h$
$1\,h = 60\,min$
$1\,min = 60\,s$

Beispiele
Umwandeln von Zeiteinheiten.
a) $3\,h = 3 \cdot 60\,min = 180\,min$
b) $43\,min = 43 \cdot 60\,s = 2580\,s$
c) $283\,min = 240\,min + 43\,min$
    $= 4 \cdot 60\,min + 43\,min$
    $= 4\,h\ 43\,min$
d) $461\,s = 420\,s + 41\,s$
    $= 7 \cdot 60\,s + 41\,s$
    $= 7\,min\ 41\,s$

1 Wie viel Zeit wird benötigt für: eine Schulstunde, Zählen bis 1000, Gehen von 100 m oder von 1 km, eine Fahrt mit dem Auto von München nach Flensburg, einen Flug rund um die Welt?
Sind die Zeitangaben eindeutig? Suche weitere Beispiele.

2 Wandle wie im Beispiel um.
$4\,min = 4 \cdot 60\,s = 240\,s$
a) in **s**: 7 min; 9 min; 12 min; 20 min
b) in **min**: 3 h; 5 h; 9 h; 11 h; 37 h
c) in **h**: 2 d; 5 d; 8 d; 11 d; 49 d

3 Wandle in die angegebenen Zeiteinheiten um.
a) in **min**: 300 s; 540 s; 1140 s; 3300 s
b) in **h**: 480 min; 720 min; 1380 min
c) in **d**: 48 h; 72 h; 120 h; 360 h
d) in **s**: 25 min; 3 h 10 min; 2 d 3 h 50 min

4 Übertrage in dein Heft.
Setze <; = oder > ein.
Wandle, wenn nötig, um.
a) 5 min ☐ 360 s   b) 4 h ☐ 260 min
   15 min ☐ 850 s   12 h ☐ 750 min
   21 min ☐ 1240 s   50 h ☐ 2800 min

Aktiv **Kurs** Thema Kompakt Test

Eine **viertel** Stunde
15 min = $\frac{1}{4}$ h

Eine **halbe** Stunde
30 min = $\frac{1}{2}$ h

Eine **dreiviertel** Stunde
45 min = $\frac{3}{4}$ h

5 Manche Zeitangaben geben wir im Alltag in Bruchteilen einer Stunde oder einer Minute an.
Schreibe die Zeitangaben ohne Brüche, indem du in Sekunden umwandelst.
a) $\frac{1}{2}$ min   b) $\frac{1}{4}$ min   c) $\frac{3}{4}$ min

6 [●] Berechne wie im Beispiel.
$2\frac{1}{2}$ h = 2 h + $\frac{1}{2}$ h = 120 min + 30 min
= 150 min
a) $1\frac{1}{2}$ h; $2\frac{1}{2}$ h; $3\frac{3}{4}$ h; $5\frac{1}{2}$ h; $1\frac{3}{4}$ h
b) $2\frac{3}{4}$ min; $1\frac{1}{2}$ min; $3\frac{1}{4}$ min; $4\frac{1}{2}$ min

7 Die Klasse 5 c hat Wandertag, die Wanderung selbst dauert $2\frac{1}{4}$ h, die zwei Pausen $\frac{1}{4}$ h und $1\frac{1}{2}$ h. Wie lange ist die Klasse insgesamt unterwegs?

8 An der Uhr sind auch andere Teilungen möglich.

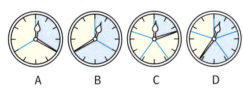

A   B   C   D

a) Gib die Zeit jeweils als Bruchteil und in Minuten an.
b) Finde weitere Möglichkeiten. Welche Angaben sind im Alltag gebräuchlich?

9 [●] Die Berlin-Uhr wurde 1974 von *D. Benninger* erfunden. 1975 wurde sie am Kurfürstendamm in Berlin aufgestellt und steht mittlerweile am Europa-Center. Die Anzeige der Zeit erfolgt durch leuchtende farbige Felder mit Fünfer- und Einerschritten für Stunden und Minuten. Die Zeit kann durch Addition der Werte abgelesen werden.

3 × 5 h = 15 h
2 × 1 h = 2 h
―――――――――
          17 h

5 × 5 min = 25 min
1 × 1 min = 1 min
――――――――――――
              26 min
also: **17.26 Uhr**

a) Erkläre wie die Uhr funktioniert.
b) Zeichne in dein Heft: 04.32 Uhr; 19.03 Uhr; 23.23 Uhr.
c) Was passiert, wenn die unterste Reihe voll ist?

 Die Sonnenuhr

Früher verwendete man verschiedene Geräte, um die Zeit zu messen. Man versuchte z. B., sich am Stand der Sonne zu orientieren.
Um eine Sonnenuhr zu basteln brauchst du einen geraden Stock (ca. 50 cm) und einen Blumentopf.
Stelle den Blumentopf umgekehrt auf eine ebene, sonnenbeschienene Fläche und stecke den Stock senkrecht in die kleine Öffnung des Topfes. Nun musst du jede volle Stunde bei Sonnenschein dort eine Markierung auf die Erde machen, wo sich der Schatten des Stabes befindet. Je öfter du misst, desto genauer wird deine Sonnenuhr.

▷ Kapitel 2, Seite 34

Zeitspannen und Zeitpunkte

Die Buslinie 622 fährt um 6.54 Uhr in Wuppertal-Oberbarmen los und ist um 7.21 Uhr am Neuenteich.
Wie lange dauert die Fahrt?

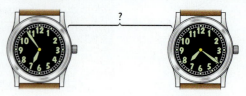

Tipp
Nach **Zeitspannen** fragt man meistens mit „**wie lange**".
Eine Zeitspanne ist durch zwei Zeitpunkte festgelegt.

Beispiel
Sonja fährt mit dem Bus um 7.02 Uhr los. Um 8.09 Uhr erreicht sie die Haltestelle an der Schule. Wie lange ist sie unterwegs?

Sonja rechnet:

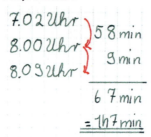

Boris rechnet:

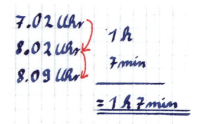

Man schreibt: 1h 7min und spricht: 1 Stunde und 7 Minuten.

Haltestellen		Abfahrts-zeiten
Hagen Hbf	ab	8.08
Hagen Heubing		8.12
Hagen Westerbauer		8.15
Gevelsberg-Knapp		8.17
Gevelsberg Hbf		8.21
Gevelsberg West		8.24
Schwelm		8.29
Schwelm West		8.31
W-Langerfeld		8.33
W-Oberbarmen	an	8.35
W-Oberbarmen	ab	8.36
W-Barmen		8.39
W-Unterbarmen		8.41
Wuppertal Hbf	an	8.43
Wuppertal Hbf	ab	8.44
W-Steinbeck		8.46
W-Zool. Garten		8.49
W-Sonnborn		8.50
W-Vohwinkel		8.53
Gruiten		8.57
Erktath Millrath S		9.00
Hochdahl		9.02
Erkrath		9.06
D-Gerresheim		9.10
Düsseldorf Hbf	an	9.16
Düsseldorf Hbf	ab	9.18

Abfahrtszeiten der S8

1 Wie lange benötigt man mit der S8 von *Hagen* bis zum *Düsseldorfer Hauptbahnhof*? Stelle selbst weitere Aufgaben mithilfe des Fahrplans.

2 a) Eine Wuppertaler Klasse will in den *Düsseldorfer Aqua-Zoo*. Den erreicht man von *Düsseldorf Hbf* mit der U79 in 13 Minuten. Von der Schule geht die Klasse um 9.00 Uhr los. Bis zum Hauptbahnhof in Wuppertal benötigt sie 15 Minuten. Sie fahren mit der S8. Wie lange ist die Klasse bei einer Umsteigezeit von 5 Minuten unterwegs?
b) Die Klasse soll um 14 Uhr wieder an der Schule sein.

3 Berechne die Zeitspannen.
a) 14.10 Uhr und 14.55 Uhr
   17.17 Uhr und 17.58 Uhr
b) 9.20 Uhr und 10.10 Uhr
   18.50 Uhr und 19.40 Uhr
c) 7.45 Uhr und 9.25 Uhr
   13.45 Uhr und 15.15 Uhr

4 Berechne die Zeitspannen auf zwei verschiedene Arten.
a) 14.55 Uhr und 18.45 Uhr
b) 21.05 Uhr und 23.50 Uhr
c) 0.15 Uhr und 6.05 Uhr
d) [●] 14.30 Uhr und 4.30 Uhr
e) [●] 22.45 Uhr und 16.15 Uhr

66 ▷ Mathematische Werkstatt, Seite 161 – 163

Teile dir die Fahrzeit auf.

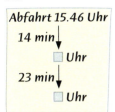

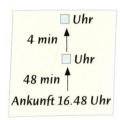

Tipp
Nach einem **Zeitpunkt** fragt man mit „wann".

Tipp
Benutze auch den Fahrplan von S. 62.

Haltestellen	Abfahrtszeiten
Wuppertal Hbf	8.45
- Alter Markt	53
Sprockh. Schwenke	9.05
- Haßlinghausen Bbf an	9.10
- Haßlinghausen Bbf ab	9.13
- Kaninchenweg	
- Niedersprockhövel	
Hattingen	
Bochum Ruhr-Uni	

Abfahrtszeiten der SB 67

5 a) Dein Freund will dich besuchen. Er fährt um 15.46 Uhr los und ist 37 Minuten unterwegs. Wann kommt er an?

b) Du willst dich mit deiner Freundin um 16.48 Uhr treffen. Dein Bus fährt 52 Minuten. Wann musst du losfahren?

Haltestellen	Abfahrtszeiten
Aachen Hbf ab	6.30
Herzogenrath	6.43
Mönchengladbach Hbf	7.12
Neuss Hbf	7.23
Düsseldorf Hbf	7.38
Duisburg Hbf	7.59

6 An einer Schule beginnt der Unterricht um 7.45 Uhr. Daniel hat einen 20 min langen Schulweg. Er soll aber 5 Minuten vor Unterrichtsbeginn in der Klasse sein. Wann muss er spätestens losgehen?

7 Der Fahrplan des SB67 an der Haltestelle ist unleserlich. Du kennst jedoch die Fahrtdauer. Berechne die Ankunftszeiten. Fahrtdauer von *Wuppertal Hbf* bis
- Kaninchenweg: 31 min
- Niedersprockhövel: 37 min
- Hattingen: 48 min
- Bochum Uni: 63 min

8 [●] Daniel wohnt in *Wuppertal-Vohwinkel* und will seinen Freund in *Bochum* (*Haltestelle Uni*) besuchen. Er fährt mit der Schwebebahn und mit dem SB67. Um 8.10 Uhr startet er seinen 7-minütigen Fußweg bis zur Haltestelle.

9 Berechne die Abfahrtszeit.

	Ankunft	Fahrtdauer
a)	12.55 Uhr	45 min
b)	13.57 Uhr	39 min
c)	17.25 Uhr	1 h 25 min
d)	19.55 Uhr	2 h 35 min

10 Berechne die Ankunftszeit.

	Abfahrt	Fahrtdauer
a)	9.35 Uhr	3 h 20 min
b)	10.50 Uhr	2 h 10 min
c)	19.40 Uhr	2 h 40 min
d)	21.20 Uhr	1 h 50 min

11 Wie spät ist es?
a) 24 min nach 13.32 Uhr; 18 min nach 17.28 Uhr; 27 min nach 21.15 Uhr
b) 1 h 32 min nach 16.15 Uhr; 2 h 45 min nach 12.35 Uhr; 5 h 28 min nach 4.36 Uhr
c) 45 min vor 12.25 Uhr; 1 h 15 min vor 14.05 Uhr; 3 h 55 min vor 20.25 Uhr

12 [●] Gib den Zeitpunkt an:
a) eine Viertelstunde nach 13.20 Uhr
b) eine halbe Stunde vor 18.05 Uhr
c) eine Dreiviertelstunde vor 22.12 Uhr
d) zweieinhalb Stunden nach 16 Uhr
e) viereinhalb Stunden vor 13.15 Uhr

13 [●] Jedes Jahr zur Zeit der Computermesse setzt die Bundesbahn Sonderzüge nach Hannover ein.
a) Wie lange ist der *Messeblitz* von *Aachen Hauptbahnhof (Hbf)* bis zum *Messebahnhof* in Hannover unterwegs?
b) In Aachen fährt der Zug erst um 7.42 Uhr ab. Claudia will um 8.45 Uhr in Düsseldorf sein. Schafft sie das noch?
c) Welches ist die kürzeste, welche die längste Fahrzeit zwischen zwei Bahnhöfen?

Haltestellen	Abfahrtszeiten
Aachen Hbf ab	6.30
Herzogenrath	6.43
Mönchengladbach Hbf	7.12
Neuss Hbf	7.23
Düsseldorf Hbf	7.38
Duisburg Hbf	7.59
Essen Hbf	8.16
Bochum Hbf	8.28
Dortmund Hbf	8.42
Hamm (Westfalen)	9.01
Hannover (Messebahnhof) an	10.46

▷ Mathematische Werkstatt, Seite 161–163

3.4 Aktiv Kurs Thema Kompakt Test

Schulwege beschreiben und darstellen

1 [👥👥👥] Braucht ihr für den Weg zur Schule immer gleich viel Zeit? Wie kommen die Zeitunterschiede zustande? Wisst ihr, welches Stück des Weges ihr am schnellsten schafft? Habt ihr an bestimmten Stellen Wartezeiten? Beschreibt euch eure Wege gegenseitig.

2 Tarik, Merisa und Marcel haben ihren Schulweg beschrieben.
Zu jeder Beschreibung gehört auch ein Schaubild. Allerdings ist Einiges durcheinander geraten.
a) Welche Darstellung gehört zu welchem Schüler?
b) Begründe deine Lösung. Folgende Überlegungen können dabei helfen: Wie verändert sich das Schaubild, wenn das Tempo schneller oder langsamer wird? Wie sieht das Schaubild aus, wenn jemand stehen bleibt?
Wie kann man darstellen, wenn jemand einen Teil des Weges zurückgeht?

3 [👥👥] Beschreibt, wie eure Wege zur Schule in der letzten Woche verlaufen sind. Stellt sie wie in Aufgabe 2 in einem Diagramm dar. Überprüft gegenseitig, ob Text und Diagramm zusammenpassen.

4 [●] Adam sagt zu Cemile: „Wir benötigen beide 10 Minuten zur Schule, also sind unsere Schulwege gleich lang."
Cemile: „Stefanie wohnt genau wie ich 1,2 km von der Schule entfernt, also benötigt auch sie 10 Minuten zur Schule."
Was meinst du?

Tarik sagt:
Ich hatte heute genügend Zeit. Nachdem ich ein Stück gegangen bin sah ich Tai in einem Bücherladen. Ich habe auf ihn gewartet. Wir sind zusammen zur Schule gelaufen. So konnten wir noch Tischtennis spielen bevor die erste Stunde begann.

Merisa sagt:
Ich hatte heute morgen Pech. Ich hatte mein Sportzeug zu Hause vergessen. Darum bin ich noch einmal zurückgelaufen und habe es geholt. Darum bin ich zu spät zur ersten Stunde gekommen.

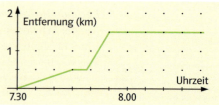

Marcel sagt:
Ich habe heute morgen verschlafen, darum musste ich den ganzen Schulweg rennen. Ärgerlicherweise waren alle drei Fußgängerampeln rot. Gerade rechtzeitig zu Schulbeginn um 8.00 Uhr war ich in der Schule.

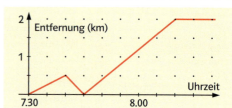

68   ▷ Kasten, Seite 70

Aktiv **Kurs** Thema Kompakt Test

Weg-Zeit-Diagramm

Sascha hat mit dem Fahrradtacho die Länge seines Schulweges genau ermittelt. In einer Tabelle hat er seine Ergebnisse notiert. Er hat mit einer Stoppuhr die Zeit gemessen, die er für jeden Teil seines Weges benötigt. Hier seht ihr, wie sein Schulweg am Montag- und Dienstagmorgen verlaufen ist.

Wegstück	Entfernung
Wohnung – Ampel	200 m
Ampel – Bäckerladen	300 m
Bäckerladen – Kiosk	250 m
Kiosk – Haltestelle	500 m
Haltestelle – Schulhof	250 m

a) Um wie viel Uhr ist er am Montag zu Hause losgegangen, wann am Dienstag?
b) Wann ist er am Montag, am Dienstag in der Schule angekommen?
c) Wo befand er sich an beiden Tagen jeweils um 7.30 Uhr, 7.40 Uhr, 7.50 Uhr?
d) Auf welchem Teilstück des Weges ist er jeweils am schnellsten voran gekommen?
e) Wo hat Sascha gewartet?

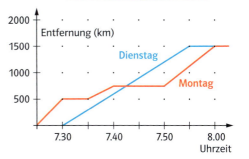

Das **Weg-Zeit-Diagramm** gibt Antworten auf Fragen zum Verlauf des Weges:
– Wie lang sind die Wegstücke?
– Wie viel Zeit wird für die Wegstücke benötigt?
– Wie verändert sich die Geschwindigkeit?

1 In dem Schaubild ist der Verlauf von Stefanies Schulweg an drei verschiedenen Tagen dargestellt. Beschreibe, wie ihr Schulweg an jedem Morgen ablief.

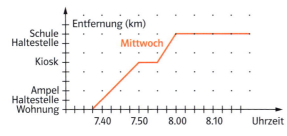

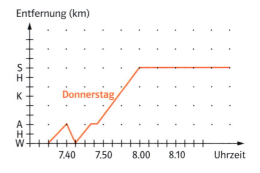

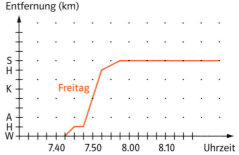

▷ Kasten, Seite 70

69

2 Lies am Schaubild ab.
a) Wie lang ist Kens Schulweg?
b) Wann geht Ken zuhause los?
c) Wann kommt Ken in der Schule an?
d) Wie viel Zeit benötigt er?
e) Wann beginnt Ken schneller zu gehen?

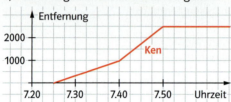

3 Im Schaubild sind die Schulwege von Nadine und Bianca dargestellt.
a) Was macht Nadine in der Zeit von 7.40 Uhr bis 7.45 Uhr?
b) Was geschieht um 7.55 Uhr?
c) Kommt Nadine pünktlich zur Schule?
d) [👥] Stellt euch gegenseitig weitere Fragen und beantwortet sie.

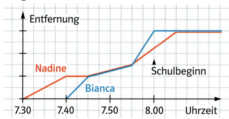

 Weg-Zeit-Diagramme zeichnen und lesen

Um zeitliche Abläufe anschaulich auf einem Blick erkennen zu können, werden sie häufig in Weg-Zeit-Diagrammen dargestellt. Umgekehrt lässt sich zu jedem Diagramm eine passende Geschichte finden. Probiert es doch selbst mal!
▷ Zu welcher Mannschaftssportart könnte das abgebildete Zeit-Weg-Diagramm passen?
▷ Erstelle passende Diagramme zu folgenden Sportarten: Staffellauf, Autorennen, Hürdenlauf, Weitsprung.
▷ [👥] Zeichnet euch gegenseitig Weg-Zeit-Diagramme und erzählt euch passende Geschichten dazu.

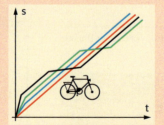

4 Lies aus dem Schaubild ab.
a) Wer ist schneller gegangen?
b) Wie viel Zeit hat jeder benötigt?
c) Wann hat Gamal Jens überholt?

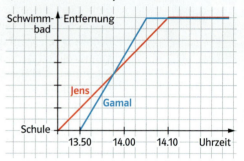

d) [●] David sagt: „Wenn ich renne, benötige ich bis zum Stadtbad nur halb so viel Zeit wie Jens. Wenn ich um 14.00 Uhr losgehe, bin ich noch rechtzeitig um 14.10 Uhr im Schwimmbad." Was meint ihr?

5 [●] Nadine verlässt um 7.30 Uhr das Haus. Sie kann den ganzen Weg (2 km) ohne anzuhalten im gleichen Tempo gehen. Um 8.00 Uhr ist sie in der Schule.
a) Erstelle ein Weg-Zeit-Diagramm.
b) Am nächsten Morgen geht sie um 7.25 Uhr los. Sie geht gleich schnell. Nach der Hälfte des Weges unterhält sie sich mit einer Freundin, dabei bleibt sie 5 Minuten stehen. Sie kommt dennoch pünktlich an.

6 [●●] a) Jessica wohnt 3,2 km von der Schule entfernt. Wenn sie im normalen Tempo geht, braucht sie für 400 m 5 Minuten. Sie legt eine Tabelle an. Vervollständige die Tabelle.

Strecke (m)	0	400	800	1200	1600
Uhrzeit	7.20				

b) Zeichne den Verlauf ihres Schulweges in ein Weg-Zeit-Diagramm.
c) Wenn sie läuft, schafft sie 600 m in 5 Minuten. Trage die Werte in eine Tabelle ein. Zeichne in das gleiche Diagramm.

Strecke (m)	0	600	1200	1800	2400
Uhrzeit	7.20				

Schulwege, Verkehrsmittel und Sicherheit

	Junge	Mädchen
Bus	IIII	III
zu Fuß	IHI III	IHI I
Fahrrad	II	II
Auto	II	
Hausmeisterkind		I

1 [👥] Wisst ihr, wie eure Klassenkameraden zur Schule kommen? Welcher Teil der Schülerinnen und Schüler kommt mit der Bahn, welcher mit dem Bus, welcher Teil wird mit dem Auto gebracht, welcher kommt zu Fuß, welcher mit dem Fahrrad? Wie viele Schülerinnen und Schüler benötigen für den Schulweg
– weniger als 15 Minuten
– 15 bis 30 Minuten
– mehr als 30 Minuten?
Führt eine Umfrage durch und wertet sie aus. Überlegt gemeinsam, wie ihr eure Ergebnisse darstellen könnt.

2 [👥] Schaut euch Zeitungsartikel an. Wie werden dort solche Aussagen zahlenmäßig angegeben, wie werden sie grafisch dargestellt?

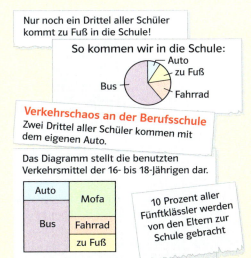

3 Aus der Strichliste kannst du ablesen, wie die Schüler der 5c zur Schule kommen. Formuliere Aussagen über die benutzten Verkehrsmittel. Benutze Aussagen wie in den Zeitungsartikeln. Unterscheide auch nach Jungen und Mädchen.

4 Monika hat mit Tina die entsprechenden Aussagen für ihre Klasse zusammengestellt. Stimmen die Aussagen? Verbessere gegebenenfalls.
a) Die Hälfte der Kinder kommt mit dem Bus, ein Viertel mit dem Fahrrad.
b) Jedes vierte Kind kommt zu Fuß.
c) [●] Weniger als $\frac{1}{7}$ der Kinder wird mit dem Auto gebracht.
d) [●] 15% der Kinder kommen mit dem Fahrrad.

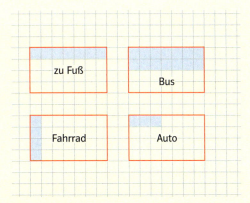

5 [👥] Stellt die Daten eurer Klasse in geeigneten Diagrammen dar. Formuliert ähnliche Aussagen wie in Aufgabe 4.

Aktiv Kurs **Thema** Kompakt Test

Schulwegunfälle gestiegen
Die erfreuliche Tendenz in der Unfallentwicklung auf nordrhein-westfälischen Straßen setzt sich fort.
Ausnahme: Schulwegunfälle. Bedrückend ist die Entwicklung bei den Schulwegverkehrsunfällen. Als Fußgänger verunglücken Kinder am häufigsten in der Gruppe der 6- bis 9-Jährigen. Jungen deutlich mehr als Mädchen. Von Radfahrer-Unfällen ist die Gruppe der 10- bis 14-Jährigen am häufigsten betroffen. Jungen auch wieder mehr als Mädchen. Mit Mofa oder Moped verunglücken die 15- bis 17-jährigen Jungen am häufigsten.

6 [👥] Viele Kinder können unterschiedliche Schulwege nehmen. Tragt verschiedene Gründe zusammen, die zeigen, dass der kürzeste Schulweg nicht immer der beste ist.

7 [👥 @] Wie sieht die Verkehrsdichte auf den Straßen im Umkreis eurer Schule aus?
a) Führt eine Verkehrszählung durch.
b) Besorgt euch Ergebnisse einer Verkehrszählung bei der Stadt.
c) Wertet die Ergebnisse der Zählungen aus. Legt Säulendiagramme an und vergleicht sie.

Zählkarte
Ort: Parkstraße
Name: H. Maier
Zeit: 7.30–8.00

Pkw	̷̷̷̷̷̷ ̷̷̷̷̷̷ ̷̷̷̷̷̷ ̷̷̷̷̷̷ ̷̷̷̷̷̷ ̷̷̷̷̷̷ ̷̷̷̷̷̷ ̷̷̷̷̷̷ ̷̷̷̷̷̷ ̷̷̷̷̷̷ ̷̷̷̷̷̷ ̷̷̷̷̷̷ ̷̷̷̷̷̷ ̷̷̷̷̷̷ ̷̷̷̷̷̷ ̷̷̷̷̷̷ ̷̷̷̷̷̷ II
Lkw	̷̷̷̷̷̷ I
Motorrad	III
Fahrrad	̷̷̷̷̷̷ ̷̷̷̷̷̷ ̷̷̷̷̷̷ ̷̷̷̷̷̷ ̷̷̷̷̷̷ ̷̷̷̷̷̷ ̷̷̷̷̷̷ ̷̷̷̷̷̷ ̷̷̷̷̷̷ ̷̷̷̷̷̷ ̷̷̷̷̷̷ IIII

8 [👥] a) Benutzt eure Auswertungen von Aufgabe 7, um für eure Klassenkameraden den sichersten Schulweg festzulegen.
b) Ist es notwendig, im Umkreis eurer Schule einen Lotsendienst einzurichten oder eine Ampelanlage zu erstellen? Wenn ja, tragt hierfür Argumente zusammen. Belegt diese mit euren Tabellen und Diagrammen.

9 [👥] Welches Kind aus eurer Klasse hat den weitesten Schulweg? Erstellt ein Weg-Zeit-Diagramm für mögliche Schulwege. Welcher Weg ist der günstigste? Bedenkt bei eurer Entscheidung sowohl Zeit als auch Sicherheit. Begründet eure Entscheidungen und stellt sie in der Klasse vor.

▷ Kapitel 1, Seite 8–13

Aktiv   Kurs   Thema   **Kompakt**   Test

Koordinatensystem Punkte im **Koordinatensystem** werden durch ein Zahlenpaar, die **Koordinaten**, beschrieben.

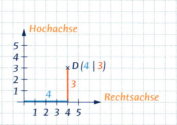

Längen Die gebräuchlichsten Einheiten für Längen sind:

Kilometer: km   1 km = 1000 m
Meter: m   1 m = 100 cm
Zentimeter: cm   1 cm = 10 mm
Millimeter: mm

km	m	dm	cm	mm
H Z E	H Z E			
	4 0 3 2			
	7 0		0	1

$4{,}032\,km = 4\,km\,32\,m = 4032\,m$

$70{,}01\,m = 70\,m\,1\,cm = 7001\,cm$

Im Alltag wird bei Längenangaben die **Kommaschreibweise** oder **Bruchschreibweise** benutzt.

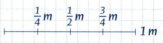

Zeiten Die Zeiteinheiten sind:

Tage: d   1 d = 24 h
Stunden: h   1 h = 60 min
Minuten: min   1 min = 60 s
Sekunden: s

Bei Zeitangaben wird manchmal die **Bruchschreibweise** verwendet.

$3\,d = 3 \cdot 24\,h = 72\,h$

$320\,min = 300\,min + 20\,min$
$\qquad\quad = 5\,h\,20\,min$

$\frac{1}{4}\,h = 15\,min$

Rechnen mit Größen Beim Rechnen mit Längen und Zeiten musst du stets darauf achten, dass die Größen in derselben Maßeinheit sind, ansonsten musst du vorher umwandeln. In vielen Fällen ist eine **Überschlagsrechnung** notwendig und hilfreich.

$2{,}5\,km + 30\,m + 100\,cm$
$= 2500\,m + 30\,m + 1\,m$
$= 2531\,m$

oder:
```
  2,500 km
+ 0,030 km
+ 0,001 km
  2,531 km
```
Komma unter Komma!

$3{,}41\,m \cdot 51$ oder: 3,41 m · 51
$= 341\,cm \cdot 51$ 1 7 0 5
                                      3 4 1
$= 17391\,cm$ 1 7 3, 9 1
$= 173{,}91\,m$

Weg-Zeit-Diagramme Mithilfe eines Weg-Zeit-Diagramms kann man sich einen Überblick über den Verlauf eines Weges machen oder diesen darstellen.

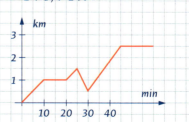

Aktiv　　Kurs　　Thema　　Kompakt　　**Test**

Die Abbildung zeigt einen Ausschnitt aus dem Begleitheft eines IC. Dort sind die Haltebahnhöfe mit den Abfahrzeiten sowie die dazwischen liegenden Entfernungen angegeben. Hinter den Städten stehen die Koordinaten der Städte, die nicht in der Karte eingezeichnet sind.
Übertrage das Koordinatensystem in dein Heft.

[einfach]

1 a) Trage die Orte *Wuppertal* und *Dortmund* in das Koordinatensystem ein.
b) Welche Koordinaten hat *Hamm*?

2 a) Bestimme die Kilometerzahl der Gesamtstrecke.
b) Um wie viel ist die Strecke von *Wuppertal* nach *Hagen* kürzer als die von *Hamm* nach *Bielefeld*?

3 a) Bestimme die Fahrzeit von *Hagen* nach *Bielefeld*.
b) Wann ist der Zug in *Hamm*, wenn man bei gleicher Fahrzeit um 17.46 Uhr in *Bielefeld* losfährt?

4 a) Wann hielt der Zug in B?
b) Wie lange ist er unterwegs?

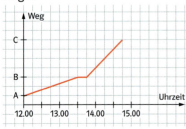

[mittel]

1 a) Trage die Orte *Wuppertal* und *Bielefeld* in das Koordinatensystem ein.
b) Welche Koordinaten hat *Hagen*?

2 a) Bestimme die Länge der Strecke *Wuppertal – Bielefeld* und zurück.
b) Um wie viel ist die Strecke von *Hagen* nach *Hamm* kürzer als die von *Hamm* nach *Bielefeld*?

3 a) Bestimme die Fahrzeit von *Bielefeld* nach *Wuppertal*.
b) Wann ist der Zug in *Dortmund*, wenn man bei gleicher Fahrzeit um 17.46 Uhr in *Bielefeld* losfährt?

4 Beschreibe die Fahrt des Zuges möglichst genau.

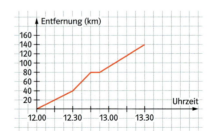

[schwieriger]

1 a) Trage alle Orte in das Koordinatensystem ein.
b) Welche Koordinaten haben die übrigen Städte?

2 a) Wie lang ist die Strecke *Wuppertal – Bielefeld* hin und zurück?
b) Um wie viel km unterscheiden sich jeweils die einzelnen Streckenabschnitte?

3 a) Bestimme die Fahrzeit von *Bielefeld* nach *Wuppertal* und die Fahrzeiten auf den Teilstrecken.
b) Wann ist der Zug in *Wuppertal*, wenn man bei gleicher Fahrzeit um 17.46 Uhr in *Bielefeld* losfährt?

4 a) Zeichne ein Weg-Zeit-Diagramm für die Fahrt des IC von *Wuppertal* nach *Bielefeld*.
b) Lies auf dem Weg-Zeit-Diagramm ab, auf welcher Strecke der IC am langsamsten und wo er am schnellsten fuhr.
Begründe deine Antworten mithilfe des Schaubildes.

74　▷ Lösungen zum Test, Seite 187/188

Von Schachteln

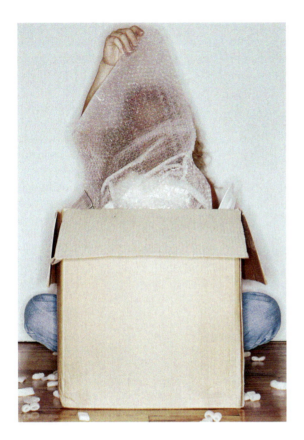

Verpackungen sind aus unserem täglichen Leben kaum mehr wegzudenken.

Jeder von euch hat schon Verpackungen verschiedener Größe und Form und aus den unterschiedlichsten Materialien in der Hand gehabt.
Sind alle Verpackungen notwendig? Wozu werden sie eigentlich gebraucht?
In den meisten Fällen werden heute Verpackungen mithilfe von Maschinen hergestellt.
Ihr könnt aber auch selbst schöne Schachteln basteln und verschenken.

In diesem Kapitel lernt ihr,

▷ welche geometrischen Formen bei den Verpackungen vorkommen.
▷ wie ihr diese Formen auch bei anderen Gegenständen und Figuren erkennen könnt.
▷ wie diese Formen beschrieben werden.
▷ wie ihr einfache Verpackungen entwerfen und selbst bauen könnt.
▷ wie man Körper auf einem Blatt Papier zeichnet.

4.1 Aktiv   Kurs   Thema   Kompakt   Test

Eckig, rund und spitz

Verpackungen gibt es in einer unübersehbaren Fülle. Ihr findet im Supermarktregal die verschiedensten Formen, die unterschiedlichsten Materialien, die verschiedensten Farben, …

Tipp
In großen Warenhäusern und Supermärkten stehen am Ausgang Behälter für Verpackungen. Fragt nach, ob ihr euch dort Kartons und Schachteln mitnehmen dürft.

1 [✂] Sammle möglichst viele verschiedene Verpackungen. Suche zu Hause, frage Freunde und Verwandte oder im Supermarkt.

2 Sieh dir die verschiedenen Verpackungen genau an. Wähle die Verpackung aus, die dir am besten gefällt und eine, die dir nicht gefällt. Erkläre deine Auswahl deinen Klassenkameraden.

3 Untersuche die Verpackungen und beantwortet folgende Fragen.
- Welche Verpackungen lassen sich gut stapeln?
- Welche kann man lückenlos zusammenstellen?
- Welche Verpackungen können rollen, welche rollen nur geradeaus, welche rollen im Kreis?
- Welche Verpackungen stehen fest auf dem Tisch?
- An welche kannst du ein Lineal fest anlegen? Geht das in alle Richtungen?

4 [👥] a) Überlegt in Gruppen, wie ihr eure gesammelten Verpackungen sortieren könnt. Führt die Sortierung durch und stellt das Ergebnis jeweils in einer Tabelle dar.
b) Sortiert die Verpackungen nach ihrer Form und stellt das Ergebnis ebenfalls in einer Tabelle zusammen. Beschreibt die Besonderheiten der verschiedenen Formen.

5 Kannst du Gründe nennen, warum bestimmte Waren ganz typische Verpackungen haben? Welches sind die Vor- und Nachteile der verschiedenen Verpackungen?

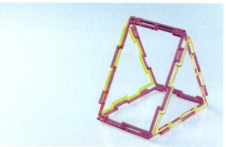

6 Mit den Formen aus dem Geometriebaukasten kannst du einige Verpackungen als Modell nachbauen.
a) Welche Formen brauchst du, um das Modell oben nachzubauen?
b) [👥] Baut Modelle von verschiedenen Schachteln. Für welche Schachteln braucht ihr die gleichen Formen?
c) Von welchen Schachteln kannst du mit dem Baukasten kein Modell bauen?

Körper

Welche Verpackungen haben die gleiche Form?
Welche Unterschiede kannst du erkennen, welche Gemeinsamkeiten siehst du?

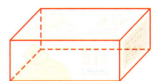

Viele Verpackungen haben die Formen **geometrischer Körper**.

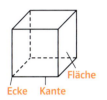
Ecke Kante Fläche

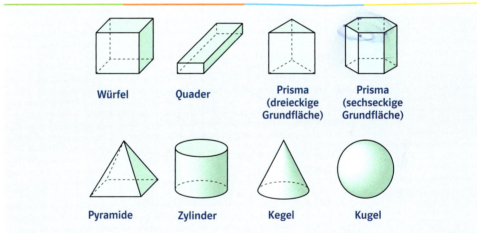

Würfel — Quader — Prisma (dreieckige Grundfläche) — Prisma (sechseckige Grundfläche)

Pyramide — Zylinder — Kegel — Kugel

Flächen begrenzen den Körper. **Kanten** entstehen dort, wo zwei Flächen zusammenstoßen. Eine **Ecke** ergibt sich, wenn mindestens drei Kanten aneinanderstoßen.

Beispiel

Würfel
- 6 gleich große Flächen
- 12 gleich lange Kanten
- 8 Ecken

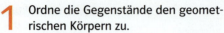

1 Ordne die Gegenstände den geometrischen Körpern zu.

2 Nenne weitere Beispiele aus deiner Umgebung für folgende Körper.
a) Würfel b) Quader
c) Zylinder d) Kegel
e) Pyramide f) Kugel

3 Welche Körper gehören zu folgenden Gegenständen?
a) 1-Euro-Münze b) Basketball
c) Regalbrett d) ein Stück Draht

4 Nenne geometrische Körper, die durch
a) rechteckige Flächen begrenzt sind.
b) quadratische Flächen begrenzt sind.
c) kreisförmige Flächen begrenzt sind.
d) dreieckige Flächen begrenzt sind.

5 Findest du eine Schachtel, die zu keinem der geometrischen Körper passt? Beschreibe was anders ist.

6 Untersuche alle Körper auf weitere Eigenschaften:
a) Wo findest du gekrümmte Kanten?
b) Welche Körper haben keine Ecken?
c) Welche Körper haben gewölbte Flächen?
d) Gibt es Körper ohne Kanten?

7 Aus welchen Grundformen sind die Körper zusammengesetzt?

1) 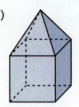 2)

3) 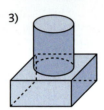 4)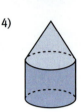

5) 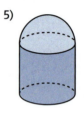 6)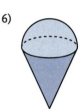

8 a) Wie heißt der gesuchte Körper?

Gesucht wird:
ein geometrischer Körper.
Besondere Kennzeichen:
– 8 Ecken,
– 6 Flächen, von denen je 2 die gleiche Form haben,
– 12 Kanten mit 3 verschiedenen Längen

b) Beschreibe die folgenden Körper genauso.

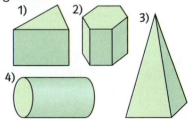

c) [●] Patrick meint: „Der Kegel hat an der Spitze eine Ecke." Was meinst du?

Übrigens
Diese Figuren kennst du sicherlich schon.

Quadrat

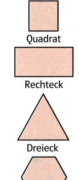
Rechteck

Dreieck

Sechseck

Kreis

9 Untersuche die Körper auf Gemeinsamkeiten und Unterschiede:
a) Würfel und Quader,
b) Prisma mit dreieckiger und sechseckiger Grundfläche,
c) Pyramide mit dreieckiger und quadratischer Grundfläche.

10 Welcher Körper wird hier gesucht? Überprüfe deine Antworten an einer Verpackung oder einem Modell.

a)
- 4 dreieckige Flächen
- 1 quadratische Fläche
- 8 gleich lange Kanten
- 5 Ecken

b)
- 6 gleich lange Kanten
- 4 dreieckige Flächen
- 4 Ecken

c) [👥] Erfindet weitere Aufgaben und stellt sie euch gegenseitig.

11 Was meinst du zu den Sätzen? Erkläre die Denkfehler.
a) Bei einem Würfel verbindet jede Kante 2 Ecken. Ein Würfel hat 12 Kanten, also hat er 24 Ecken.
b) Beim Quader stoßen an einer Ecke immer drei Kanten zusammen. Da er 8 Ecken hat, hat er auch 24 Kanten.
c) Ein Würfel hat 24 Kanten: 4 oben, 4 unten, 4 vorne, 4 hinten, 4 links, 4 rechts.

12 [●] In das Würfelgerüst ist ein Körper eingebaut. Beschreibe den Körper.

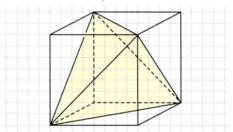

13 a) [●] Überprüfe die Regel von *Euler* (siehe Infokasten) auch bei folgenden Körpern.

b) [●●] Die Nähte eines Fußballs kann man ebenfalls als Kanten eines Körpers auffassen.
Gilt die Regel von *Euler* auch hier? Beschreibe deine Lösungsfindung.

Leonhard Euler lebte von 1707 bis 1783. Er studierte in seiner Heimatstadt Basel in der Schweiz. Schon mit 23 Jahren wurde er Professor an der Akademie in St. Petersburg in Russland.

Die eulersche Formel

Der Schweizer Mathematiker *Leonhard Euler* hat herausgefunden, dass zwischen der Anzahl der Ecken, Flächen und Kanten eines Körpers immer derselbe Zusammenhang gilt:

Die Summe aus der Anzahl der Ecken (E) und der Anzahl der Flächen (F) ist um zwei größer als die Anzahl der Kanten (K).
Kürzer kann man schreiben: **E + F = K + 2**.

▷ Überprüfe den Zusammenhang für folgende Körper mit geraden Kanten. Lege dir dazu eine Tabelle an.

	Anzahl der		
	Ecken	Flächen	Kanten
Quader			
Würfel			
Pyramide			
Prisma			

4.2 Alles ganz flach

1 [👥✏️] Sammelt verschiedene quader- und würfelförmige Verpackungen und Schachteln.
Zerlegt sie dann so, dass sie flach liegen. Klebt sie anschließend auf einem großen Bogen Packpapier zusammen und hängt das Poster in eurem Klassenzimmer auf.

2 Baue mit Formen aus dem Geometriebaukasten Körpermodelle und trenne sie so auf, dass sie flach liegen. Vergleiche die Ergebnisse mit den flachgelegten Verpackungen. Nenne Unterschiede und Gemeinsamkeiten.

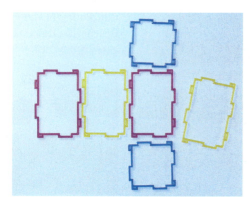

3 [✂️] Untersuche die zerlegten Schachteln. Kannst du erkennen, welche Flächen die Außenflächen der Verpackungen waren? Kennzeichne die Klebelaschen und Verschlussklappen.
Untersuche z. B. auch den Boden großer Kartons, die besonders stabil sein müssen.

4 [👥✂️] Nehmt zwei gleiche Verpackungen. Eine davon zerlegt ihr und breitet sie flach auf dem Tisch aus. Befragt euch nun gegenseitig, welche Fläche bei der Schachtel unten, oben, links, rechts, vorne und hinten ist.

5 [👥✂️] Untersucht auch Verpackungen, die eine etwas ungewöhnliche Form haben, z. B. die Form eines Prismas oder einer Pyramide. Zerlegt diese Schachteln und lasst eure Mitschülerinnen und Mitschüler raten, welche Form die Verpackung hatte.

Aktiv **Kurs** Thema Kompakt Test

Körpernetze

Bettina hat die Klebestellen der Schachtel gelöst und den Karton flach ausgebreitet. Auf Karopapier hat sie eine Skizze angefertigt, die die Oberfläche ohne Falze und Klebelaschen zeigt.

Wird die Oberfläche eines geometrischen Körpers aufgeschnitten und in der Ebene ausgebreitet, so erhält man ein **Netz** des Körpers.

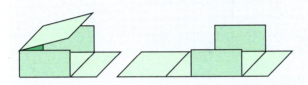

Beispiel
a) Würfel 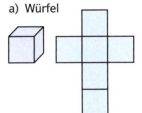 b) Quader 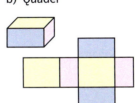 c) Pyramide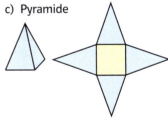

1 Welches Netz gehört zu welcher Seifenverpackung?

a)   b)   c)

A) 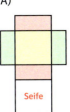 B) 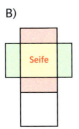 C) 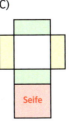 D)  E) F)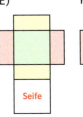

81

Übrigens
Es gibt insgesamt elf verschiedene Würfelnetze. Findest du sie heraus? Beschreibe dein Vorgehen.

2 Welche der folgenden Figuren stellen Würfelnetze dar? Welche nicht?

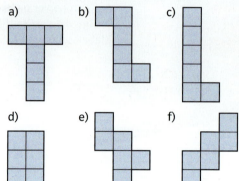

6 Die folgenden Netze sind falsch. Welche Fehler wurden gemacht? Skizziere im Heft eine richtige Lösung.

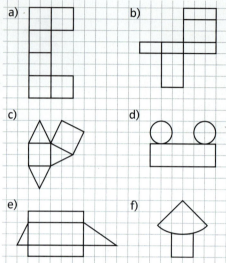

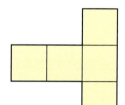

3 Wo kann das sechste Quadrat an die Figur auf dem Rand angesetzt werden, wenn ein Würfelnetz entstehen soll? Es gibt mehrere Möglichkeiten.

4 [👥] Ergänze das fehlende Rechteck, damit aus dem Netz ein Quader gefaltet werden kann. Vergleicht eure Lösungen.

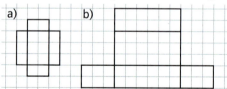

7 Aus welchen Netzen lassen sich keine quaderförmige Verpackungen herstellen? Begründe.

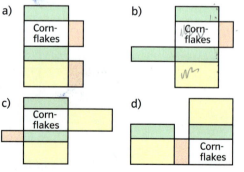

5 [•] Skizziere die unvollständigen Netze im Heft. Ergänze die fehlende Fläche. Gibt es mehr als eine Möglichkeit?

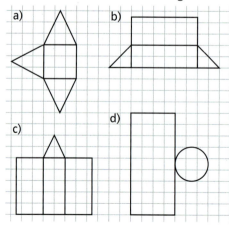

8 Skizziere das Netz in dein Heft. Übertrage die Buchstaben der Würfelecken in die Eckpunkte des Netzes. Die gelbe Fläche ist die Grundfläche.

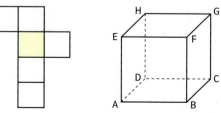

82

Aktiv **Kurs** Thema Kompakt Test

Übrigens
Welche Zahlen liegen sich bei einen Spielwürfel gegenüber? Wenn du die Zahlen addierst, ergibt sich immer dieselbe Summe.

Kopfgeometrie
Bei den Aufgaben auf dieser Seite benötigst du ein gutes räumliches Vorstellungsvermögen. Als Hilfe kannst du dir ein geeignetes Modell anschauen.

9 Skizziere die Würfelnetze in dein Heft. Trage die Würfelaugen eines Spielwürfels richtig in das Netz ein.

a)   b)   c)

10 a) Im Würfelnetz ist die untere Fläche mit u bezeichnet. Übertrage das Netz ins Heft und bezeichne die übrigen Flächen mit Buchstaben wie im Beispiel auf dem Rand.

	h	
l	u	r
	v	
	o	

v – vorne
h – hinten
l – links
r – rechts
o – oben
u – unten

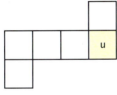

b) [👥] Wähle zwei weitere Möglichkeiten aus, den Buchstaben u in das Würfelnetz einzutragen. Welche Flächen liegen dann oben, vorne, hinten, rechts und links? Befragt euch dabei gegenseitig.

11 [●] Wie viele kleine Würfel brauchst du mindestens, um diese Würfelbauten zu errichten?

a) 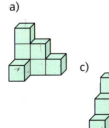 b)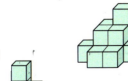

c)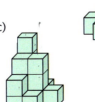

12 [●] Unten sind drei verschiedene Lagen desselben Würfels dargestellt. Welcher Buchstabe liegt gegenüber von H?

13 [●] Wie viele abgeknickte H entstehen beim Zusammenbauen?

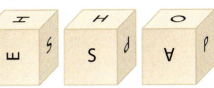

a) b) c)

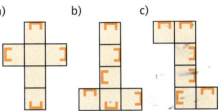

14 [●] Wo befinden sich die beiden anderen orangen Dreiecke in den Würfelnetzen?

a) b) c)

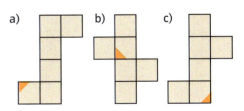

15 [●●] Bei den Würfeln wurden Ecken ausgeschnitten. Nur zwei haben die gleiche Form.

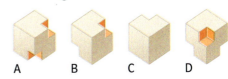

A   B   C   D

83

4.3 Ab in die Kiste

Zu liebevoll ausgesuchten Geschenken gehört eine schöne Verpackung. Du kannst selbst eine Schachtel aus Pappe herstellen und nach eigenen Vorstellungen bemalen und bekleben. So entstehen die schönsten Schmuckkästchen, die für sich schon ein Geschenk sind. Dazu wird das Schachtelnetz auf Karton gezeichnet, ausgeschnitten und zusammengeklebt, fertig! Es ist allerdings gar nicht so einfach, das Netz so zu zeichnen, dass die Seiten nicht schief werden.

1 Zeichne ein Quadrat, dessen Seiten 5 cm lang sind, auf Blankopapier. Worauf musst du achten, damit es nicht schief wird?

2 In der Bildfolge kannst du sehen, wie ein Rechteck mit dem Geodreieck gezeichnet wird. Schreibe dazu eine Anleitung.

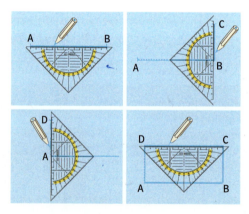

Tipp
Du kannst die gestrichelten Linien auch leicht mit einer Schere einritzen, dann lassen sich die Seiten einfacher falten. Benutze dazu ein Lineal.

Materialliste für Aufgabe 3 und 4
- Kartonpapier
- Lineal
- Schere
- Klebstoff
- Gummiband
- farbiges Papier

3 Die Würfelbox
Falte entlang der gestrichelten Linien. Achte darauf, dass die Klebelaschen nach innen gefaltet werden.
Klebe den Würfel an den Laschen zusammen.

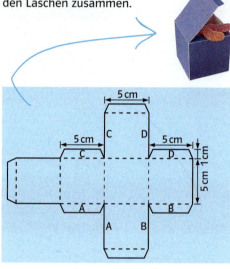

4 Für Fortgeschrittene
Etwas schwieriger ist diese Verpackung, in die z. B. ein paar Stifte passen. Hier brauchst du nicht zu kleben, die Box wird nur mit einem Gummiband zusammengehalten.

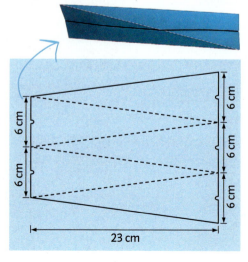

84

Parallel und senkrecht

Um eine Schachtel aus Pappe zu basteln, musst du das Netz auf Karton übertragen. Dazu benutzt du das Geodreieck.

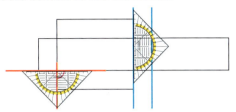

Linien, die sich so zeichnen lassen, haben besondere Bezeichnungen: sie sind **senkrecht** oder **parallel** zueinander.

Zwei gerade Linien, die so zueinander liegen wie die lange Seite und die Mittellinie des Geodreiecks, sind **zueinander senkrecht**. Sie bilden einen rechten Winkel. In Zeichnungen werden solche Ecken mit dem Zeichen ⊾ markiert.
Man schreibt: **g ⊥ h** und spricht: **g ist senkrecht zu h**.

Zwei gerade Linien, die sich nicht schneiden, auch wenn man sie verlängert, sind **zueinander parallel**.
Sie haben an jeder Stelle den selben Abstand.
Man schreibt: **g ∥ h** und spricht: **g ist parallel zu h**.

Abstand von g und h

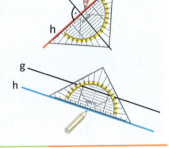

Beispiel
Die Bildfolge zeigt, wie du eine Parallele h zu g ohne die Hilfslinien auf dem Geodreieck zeichnen kannst.

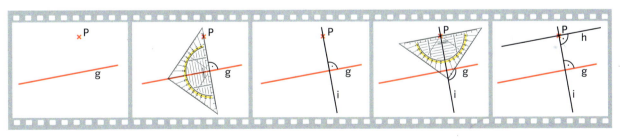

1 a) Welche Kanten des rechts abgebildeten Netzes sind zueinander parallel, welche sind zueinander senkrecht?
a ∥ b und b ⊥ g
b) Begründe, dass i ⊥ d gilt.

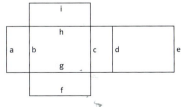

▷ Mathematische Werkstatt, Seite 181–183

> Die Linien im Quadernetz haben einen Anfangs- und einen Endpunkt. Sie heißen **Strecken**. Linien ohne Anfangs- und Endpunkt heißen **Geraden**. Strecken sind zueinander senkrecht oder parallel, wenn sie auf zueinander senkrechten oder parallelen Geraden liegen.

2 Wo findest du im Klassenzimmer, zu Hause, auf dem Schulweg oder auf dem Sportplatz zueinander parallele oder senkrechte Strecken?

3 [✂] Stelle aus Strohhalmen und Garn Kantenmodelle verschiedener Körper her. Kontrolliere, ob die Kanten zueinander parallel bzw. senkrecht sind.

4 Welche Kanten der Schachtel sind zueinander parallel, welche zueinander senkrecht?

5 Zeichne das Netz einer Streichholzschachtel in Originalgröße auf Blankopapier.

6 Übertrage die Figur ins Heft und setze den Streckenzug fort, solange der Platz reicht.

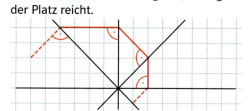

7 Übertrage die Rechteckspirale auf Blankopapier und setze sie fort, indem du jede neue Seite einen halben Zentimeter länger zeichnest.

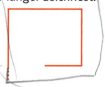

8 [●] Übertrage das Koordinatensystem in dein Heft. Die Gerade g verläuft durch die Punkte A(2|1) und B(6|5).

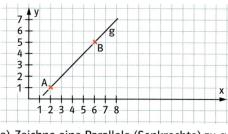

a) Zeichne eine Parallele (Senkrechte) zu g, die durch den Punkt C(3|6) verläuft.
b) Nenne einen weiteren Punkt auf der Parallelen (Senkrechten).
c) Bestimme den Abstand zwischen der Geraden g und der Parallelen.

▷ Mathematische Werkstatt, Seite 181–183

Parallel oder nicht?

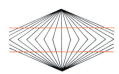

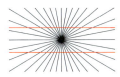

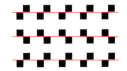

9 Es gibt Künstler, die *geometrische Kunst* machen. Zeichne das Werk ab oder erfinde in einem rechteckigen Rahmen ein ähnliches geometrisches Kunstwerk und gestalte es farbig.

Composition with Yellow, Red, Black, Blue and Grey, 1920, Oil on canvas, 51,5 X 61 cm, © 2006 Mondrian/Holtzman Trust, c/o hcr@hcrinternational.com

10 Zeichne drei Geraden so, dass drei Schnittpunkte entstehen.
Zeichne nun jeweils eine vierte Gerade so dazu, dass
a) drei neue Schnittpunkte entstehen
b) zwei neue Schnittpunkte entstehen
c) ein neuer Schnittpunkt entsteht
d) kein neuer Schnittpunkt entsteht.
Beschreibe jeweils die Lage der vierten Gerade möglichst genau.

11 a) Du kannst optische Täuschungen auch selbst zeichnen. Übertrage dieses Muster auf Blankopapier und zeichne parallele Geraden ein.

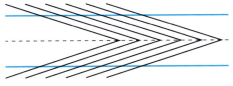

b) Zeichne umgekehrt die Geraden so, dass es aussieht, als wären sie parallel zueinander und prüfe mit dem Geodreieck nach.

12 [●] Auf der Landkarte sind die Wege der Schifffahrtslinien *Warnemünde – Gedser* und *Travemünde – Helsinki* zu sehen.
a) Wie lang ist die Strecke der Fähre von *Warnemünde* bis *Gedser*?
b) In welchem Abstand fahren die Schiffe an dem Feuerschiff (im roten Kreis) vorbei?
c) In welchem Abstand fahren die Schiffe an *Warnemünde* und *Gedser* vorbei?
d) Wie lang könnte die Überfahrt von *Warnemünde* nach *Gedser* dauern?
Schätze: Sind es 20 Minuten, 2 Stunden oder 20 Stunden?

13 [@] Im täglichen Leben wird das Wort *senkrecht* oft im Gegensatz zu *waagerecht* benutzt. Handwerker arbeiten mit Wasserwaage und Lot.

a) Finde heraus, wie die Werkzeuge benutzt werden.
b) [●] Auch *lotrecht*, *vertikal* und *horizontal* sind Begriffe, die in diesem Zusammenhang auftreten.
Finde heraus, was sie bedeuten und in welchem Zusammenhang sie gebraucht werden.

▷ Mathematische Werkstatt, Seite 181 – 183

4.4 Aktiv Kurs Thema Kompakt Test

Meine Figur hat vier Ecken

1 [👥 ✂] Sammelt Schachteln und andere Gegenstände mit viereckigen Flächen, die nicht quadratisch oder rechteckig sind, und stellt sie in eurem Klassenraum aus. Von welchen Formen kennt ihr die Namen?

2 Untersuche die Flächen, die du gefunden hast, auf ihre Eigenschaften. Die folgenden Fragen können dir dabei helfen:
– Gibt es gleich lange Seiten?
– Gibt es rechte Winkel?
– Gibt es zueinander parallele Seiten?

3 [👥] Fertige für eine Fläche einen Steckbrief an. Tauscht die Steckbriefe untereinander aus und findet die beschriebene Fläche heraus.

Tim's Flächen-Steckbrief

Meine Figur hat _____
_____

4 Miss bei diesem Viereck alle vier Seiten und die Strecke zwischen den gegenüberliegenden Ecken nach und zeichne es in derselben Größe auf halbdurchsichtiges Papier. Prüfe nach, indem du deine Zeichnung auf das Bild legst.

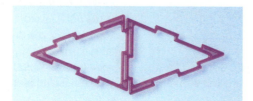

Schon mal gehört?
– Raute
– Salmi
– Drachen
– Trapez
– Parallelogramm

5 [✂] a) Bildet mit einem Zollstock ein Quadrat, sodass Anfang und Ende an einer Ecke zusammentreffen. Prüfe mit dem Geodreieck, ob die Ecken rechtwinklig sind. Ziehe nun das Quadrat an zwei gegenüberliegenden Ecken auseinander. Welche Figur erhältst du?
b) Lege nun den Zollstock zu einem Rechteck und ziehe es ebenso auseinander. Untersuche das so entstandene Viereck auf seine Eigenschaften und erstelle einen Steckbrief.

6 Spanne auf einem Nagelbrett die Gummiringe zu möglichst vielen verschiedenen Vierecken. Welche Vierecke erhältst du? Findest du auch besondere Vierecke?

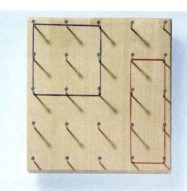

Aktiv **Kurs** Thema Kompakt Test

Besondere Vierecke

Welche Vierecke gibt es in dieser Tangram-Figur?
Nenne Gemeinsamkeiten und Unterschiede.

Quadrat	Rechteck	Raute	Parallelogramm
Vier gleich lange Seiten	Gegenüberliegende Seiten sind gleich lang.	Vier gleich lange Seiten	Gegenüberliegende Seiten sind gleich lang.
Vier rechte Winkel	Vier rechte Winkel		
Gegenüberliegende Seiten sind zueinander parallel.	Gegenüberliegende Seiten sind zueinander parallel.	Gegenüberliegende Seiten sind zueinander parallel.	Gegenüberliegende Seiten sind zueinander parallel.

Beispiel

Rauten und Parallelogramme kannst du auf Karopapier oder mithilfe der parallelen Hilfslinien auf dem Geodreieck zeichnen.

1. Zeichnen auf Karopapier

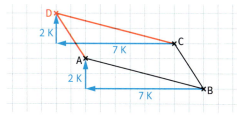

2. Zeichnen mithilfe des Geodreiecks

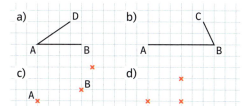

1 Übertrage die Teilfiguren und ergänze sie jeweils zu einem Parallelogramm. Entstehen dabei auch andere Vierecke?

2 Zeichne diese Vierecke mithilfe des Geodreiecks auf Blankopapier.
a) Ein Quadrat mit der Seitenlänge 3,5 cm.
b) Ein Rechteck mit den Seitenlängen 3 cm und 5 cm.
c) Eine Raute mit der Seitenlänge 4 cm.
d) Ein Parallelogramm mit den Seitenlängen 4 cm und 6 cm.
e) [●] Bei welchen Vierecken gibt es mehrere Möglichkeiten? Begründe.

Aktiv **Kurs** Thema Kompakt Test

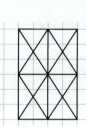

3 Hier verstecken sich verschiedene Vierecke. Zähle ab, aber mit Köpfchen.

4 Wie viele Parallelogramme (Rauten) verstecken sich in der Figur? Wie kannst du vorgehen, um alle Möglichkeiten zu finden?

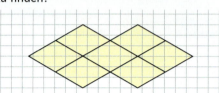

Ein Quadrat ist ein Rechteck mit vier gleich langen Seiten. Deshalb ist ein Quadrat ein besonderes Rechteck.

5 [●] Schreibe ähnliche Sätze wie im Beispielkasten links für:
a) Raute und Parallelogramm
b) Rechteck und Parallelogramm
c) Quadrat und Raute

6 Welche dieser Vierecke sind Parallelogramme? Welche davon sind auch Rauten, Quadrate, Rechtecke? Wie kannst du dein Ergebnis überprüfen?

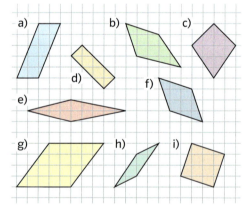

7 Trage die Punkte in ein Koordinatensystem ein und verbinde sie in alphabetischer Reihenfolge. Ergänze den fehlenden Punkt so, dass ein Parallelogramm entsteht.
a) A(3|2), B(14|2), C(16|10)
b) A(4|1), B(8|3), D(4|5)
c) A(4|6), B(15|1), C(14|9)
d) B(7|1), C(11|10), D(10|14)

8 Die farbig eingezeichneten Strecken im Viereck heißen Diagonalen.

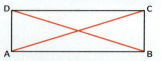

Zeichne besondere Vierecke mit ihren Diagonalen und untersuche ihre Eigenschaften:
– In welchen Vierecken sind die Diagonalen gleich lang?
– In welchen Vierecken stehen die Diagonalen zueinander senkrecht?

9 Experimentiere mit dem Nagelbrett.
a) [✂] Spanne die abgebildeten Vierecke auf dem Nagelbrett nach. Wenn du einen Eckpunkt anders wählst, erhältst du ein Parallelogramm. Wie viele Möglichkeiten findest du?

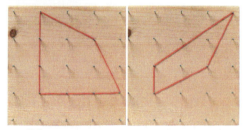

b) [👥] Denkt euch selbst Figuren aus und tauscht die Aufgaben untereinander aus.

10 Ein Muster wie dieses nennt man Parkett.
a) Aus welchen besonderen Vierecken besteht dieses Parkett?

b) [👥] Überlegt und vergleicht eure Vorgehensweisen, wie ihr ein solches Muster zeichnen könnt.

Aktiv Kurs Thema Kompakt Test   **4.5**

Ansichtssache

Die Schülerinnen und Schüler der Klasse 5b haben in die Mitte ihrer Gruppentische verschiedene Verpackungen gestellt.
Sie wollen von den Schachteln und Kartons Zeichnungen anfertigen.

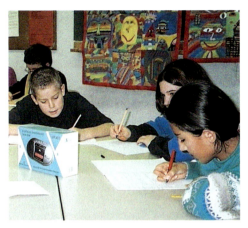

Tipp
Versucht am Anfang mit dem Bleistift erst einmal eine Skizze anzufertigen, dann könnt ihr mit dem Radiergummi noch korrigieren.

1 [👥 ✂] Stellt eine Verpackung in die Mitte eures Tisches und versucht sie jeweils aus eurer Sicht zu zeichnen. Dreht die Verpackung ein wenig und zeichnet erneut. Vergleicht zum Schluss eure Ansichten.

2 In Prospekten hast du bestimmt schon verschiedene Darstellungen von Schachteln und Verpackungen gesehen.

Versuche ebenso von verschiedenen Verpackungen im Heft Skizzen anzufertigen.

3 Michaela hat einige Ansichten einer Schachtel gezeichnet.
Übertrage die Zeichnungen in dein Heft.
Überlege, von welchem Blickwinkel aus sie die Verpackung betrachtet hat.
Kannst du dich so setzen, dass du die Schachtel so sehen kannst?
Findest du weitere Ansichten?
Zeichne in dein Heft.

4 [@] Alper hat eine pyramidenförmige Verpackung entdeckt und gezeichnet. Aus welcher Richtung hat er sie beim Zeichnen angeschaut?
Suche besondere Körper und zeichne sie aus verschiedenen Blickwinkeln.

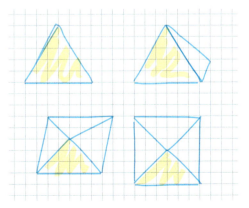

Aktiv **Kurs** Thema Kompakt Test

Schrägbilder

1

2

3
5

4

Wo musst du stehen, um die Verpackung so zu sehen wie in den Abbildungen 1 bis 4: höher oder tiefer, rechts oder links neben der Verpackung?
Kannst du dich auch so hinstellen, dass du die Schachtel so wie in der Abbildung 5 siehst?

Im **Schrägbild** wird ein Körper räumlich dargestellt. Man kann ihn sich so besser vorstellen.
– Zeichne die Kanten der vorderen Fläche.
– Nach hinten verlaufende Kanten werden schräg und in halber Kästchenzahl gezeichnet. Du kannst die Linie bis zum nächsten Gitterpunkt verlängern.
– Verdeckte Kanten werden meistens gestrichelt gezeichnet.

Beispiel
Zeichnen eines Quaders mit den Maßen: 4 cm; 3 cm und 4 cm.

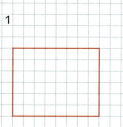
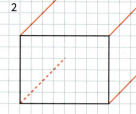
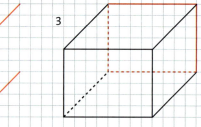

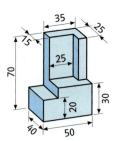

1 Zeichne in dein Heft.

2 Ergänze im Heft zum Schrägbild eines Quaders.

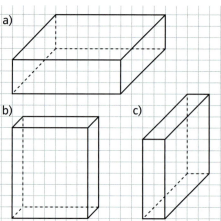

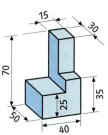

Für die Darstellung technischer Gegenstände gibt es festgesetzte Regeln und Bestimmungen.

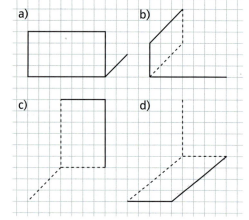

92

3 Zeichne das Schrägbild eines Würfels mit der Kantenlänge 3 cm.

4 Zeichne das Schrägbild eines Quaders mit den Maßen 6 cm; 5 cm und 4 cm in dein Heft. Es gibt mehrere Möglichkeiten. Findest du sie?

5 Jeder Quader hat vier Raumdiagonalen. Eine davon ist rot eingetragen. Zeichne das Schrägbild in doppelter Größe und ergänze die fehlenden Raumdiagonalen.

6 Zeichne eine 12 cm lange, 12 cm breite und 1 cm dicke Platte so, dass die vier kurzen Kanten im Schrägbild einmal
a) waagerecht   b) senkrecht
c) schräg nach hinten liegen.

7 Aus gleichen Würfeln kannst du z. B. den Buchstaben L legen. Die Abbildung zeigt das Ergebnis im Schrägbild. Zeichne entsprechende Schrägbilder für die Buchstaben T, E, F und H.

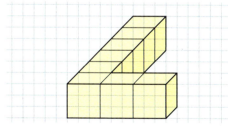

8 Die schräg verlaufenden Kanten können auf vier Arten gezeichnet werden.

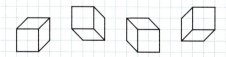

Zeichne in dieser Weise vier Ansichten eines Quaders mit den Maßen 6 cm; 3 cm und 4 cm.

9 [●] Übertrage die Schrägbilder in doppelter Größe in dein Heft. Zeichne die verdeckten Kanten gestrichelt ein.

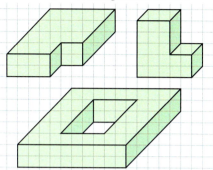

10 [●] a) Wie sehen die Würfelbauten von hinten aus, wie von links und wie von rechts? Zeichne ins Heft.

a)   b)

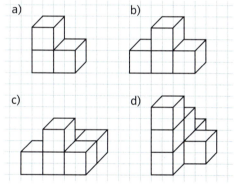

c)   d)

b) [👥] Stellt euch gegenseitig solche Aufgaben.

11 [●●] Zeichne das Schrägbild des Körpers, der entsteht, wenn man alle Ecken eines Würfels abschneidet.

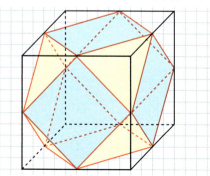

93

Somawürfel

Wenn ihr drei kleine Würfel aneinander fügt, gibt es nur eine Möglichkeit keinen Quader entstehen zulassen. Probiert selbst.

Wenn ihr allerdings vier kleine Würfel zur Verfügung habt, gibt es schon sechs Möglichkeiten keinen Quader zu bauen.

Über dieses Problem hat der berühmte dänische Spieleerfinder *Piet Hein* nachgedacht. Außerdem fand er heraus, dass sich die sieben oben abgebildeten Teile zu einem großen Würfel zusammenfügen lassen.
Dieser Würfel heißt Somawürfel. Seine Teile nennt man Somateile.

Materialliste
- Holzleisten quadratisch, ca. 3 x 3 cm
- Säge
- Holzleim
- Farbe

1 [✂] Probiere es selbst. Baue deinen eigenen Somawürfel. Am einfachsten lässt er sich aus Kinderbauklötzchen herstellen. Geübtere greifen zu Säge, Leim und Pinsel.

2 Welcher Teil des Somawürfels fehlt? Skizziere das Schrägbild des fehlenden Teiles.

3 Es gibt über 200 Möglichkeiten, die Teile zu einem Würfel zusammenzufügen. Versuche, ein paar dieser Möglichkeiten zu finden.

4 Aus den Somateilen lassen sich auch viele andere Figuren zusammensetzen. Versuche es selbst.

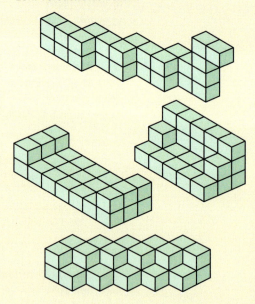

5 [👥] Denkt euch selbst Figuren aus. Zeichnet ein Schrägbild, sodass die einzelnen Somateile nicht mehr erkennbar sind. Fordert eure Mitschülerinnen und Mitschüler auf, die Figuren mithilfe der Zeichnung nachzubauen.

Aktiv   Kurs   Thema   **Kompakt**   Test

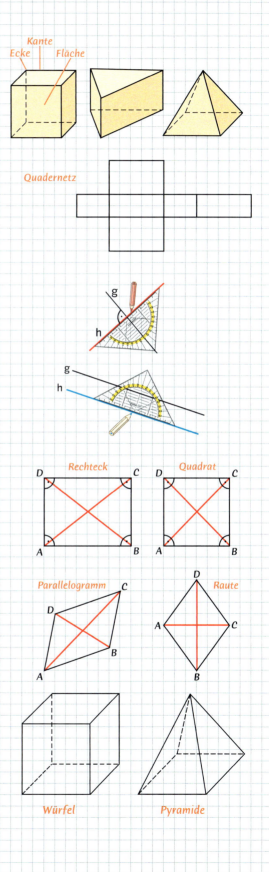

Körper

Ein **geometrischer Körper** kann durch die Anzahl seiner **Ecken**, **Kanten** und **Flächen** beschrieben werden.

Netz

Wird die Oberfläche eines geometrischen Körpers in der Ebene gezeichnet, so erhält man ein **Netz** des Körpers.

Senkrecht und parallel

Zwei gerade Linien, die so zueinander liegen wie die lange Seite und die Mittellinie des Geodreiecks, sind **zueinander senkrecht**.
Man schreibt: **g ⊥ h**.

Zwei gerade Linien, die sich nicht schneiden, auch wenn man sie verlängert, sind **zueinander parallel**.
Man schreibt: **g ∥ h**.

Besondere Vierecke

Das **Rechteck** hat vier rechte Winkel. Gegenüberliegende Seiten sind parallel und gleich lang.

Das **Quadrat** ist ein Rechteck mit vier gleich langen Seiten.

Das **Parallelogramm** hat parallele und gleich lange gegenüberliegende Seiten.

Die **Raute** ist ein Parallelogramm mit vier gleich langen Seiten.

Schrägbild

In einem **Schrägbild** lässt sich ein Körper räumlich darstellen. Man kann sich den Körper dann besser vorstellen.

95

| Aktiv | Kurs | Thema | Kompakt | **Test** |

[einfach]

1 Beschreibe diesen Körper. Verwende folgende Begriffe: Ecken, Kanten, Flächen, senkrecht und parallel. Wie heißt der Körper?

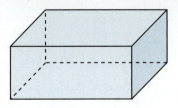

2 Zeichne das Netz eines Würfels mit der Kantenlänge 3 cm auf Blankopapier.

3 Übertrage das Netz in dein Heft und trage ein, welche Seite oben liegt.

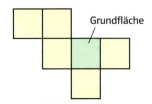

4 Welche Geraden sind zueinander senkrecht, welche zueinander parallel?

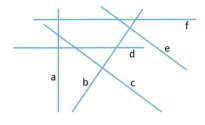

5 Zeichne das Schrägbild eines Würfels mit der Kantenlänge 4 cm.

[mittel]

1 Beschreibe diesen Körper. Verwende folgende Begriffe: Ecken, Kanten, Flächen, senkrecht und parallel. Wie heißt der Körper?

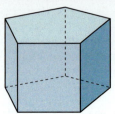

2 Zeichne das Netz eines Quaders mit den Maßen 2 cm, 4 cm und 6 cm auf Blankopapier.

3 Bei diesem Würfel sind gegenüberliegende Seiten gleich gefärbt. Übertrage das Netz ins Heft und färbe die Flächen passend ein.

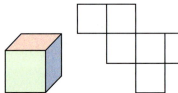

4 Übertrage das Sechseck und zeichne alle möglichen Verbindungsstrecken ein. Welche sind zueinander senkrecht, welche zueinander parallel?

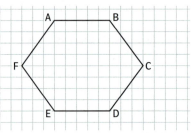

5 Zeichne das Schrägbild eines Quaders mit den Maßen 6 cm, 5 cm und 3 cm.

[schwieriger]

1 Beschreibe diesen Körper möglichst genau. Überprüfe die Aussage:
Ecken + Flächen = Kanten + 2.

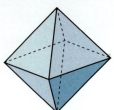

2 Zeichne auf Blankopapier das Netz eines Prismas mit dreieckiger Grundfläche, bei der alle Seiten gleich lang sind.

3 Bei diesem Würfel sind gegenüberliegende Seiten gleich gemustert. Übertrage das Netz ins Heft und zeichne die Muster passend ein.

 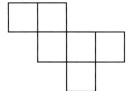

4 Skizziere das Netz in deinem Heft. Färbe Strecken die zu einer Kante zusammenstoßen jeweils gleich. Benenne die Kanten mit Buchstaben. Welche sind zueinander parallel, welche senkrecht?

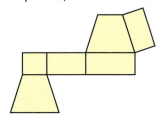

5 Skizziere das Schrägbild eines Prismas mit dreieckiger Grundfläche.

Rund um Haustiere

Wie schnell seid ihr begeistert von dem süßen Meerschweinchen, dem niedlichen kleinen Hund oder den bunten Vögeln? Oft werden die Eltern schnell überredet, und es wird ein Tier gekauft!

Doch habt ihr euch schon folgende Fragen gestellt:
Wer reinigt den Stall?
Wer kauft und bezahlt das Futter?
Wer pflegt das Tier oder geht mit ihm zum Arzt?

Haustiere bringen neben Spaß auch viele Kosten und Mühe, verlangen Kenntnis über Ernährung und Tierhaltung.

In diesem Kapitel lernt ihr,

▷ wie man Kosten ermittelt.
▷ wie man Geldbeträge und Gewichte addiert, vervielfacht und aufteilt.
▷ wie man bei Gewichten, Preisen und anderen Größen Näherungswerte durch Schätzen und Überschlagen ermittelt.
▷ was Potenzieren ist und wie man damit Zahlen vervielfacht.

Was kostet mein Haustier?

1 Berichtet eurer Klasse, wenn ihr ein Haustier habt, wie es lebt und was ihr täglich mit ihm macht.

2 [👥✎] Listet auf, wo eure Haustiere gekauft wurden und was sie gekostet haben. Stellt eure Übersichten in der Klasse aus.

3 Claudia hätte gern einen lieben kleinen Hund zum Spielen und Spazierengehen. Sie findet in Tageszeitungen folgende Anzeigen:

> **TIERHANDLUNG KLEIN**
> 9 Wochen alter *Rauhhaardackel*
> mit Erstimpfung nur 490,– €

> **!!! Direkt vom Züchter !!!**
> Reinrassige Westhighlandterrier 750,– €.
> Tel. 0835/3491

> Ich bin ein einjähriger
> *herrenloser*
> *Mischlingshund.*
> Wer hat mich lieb und
> holt mich für 30,– €
> aus dem *Tierheim* ab?

Wie soll sie sich entscheiden? Was würdest du tun?

4 [@] Erkundige dich in Tierhandlungen, bei Züchtern oder in Tierheimen, wie die großen Preisunterschiede bei den Tieren zustandekommen.

5 [@] Mit der Anschaffung des Tieres allein ist es aber nicht getan. Um ein Tier zu Hause halten zu können, müssen noch andere Dinge gekauft werden. Vervollständige in deinem Heft die Anschaffungsliste für ein Haustier deiner Wahl, ermittle die Preise dazu und berechne die Summe der Anschaffungskosten.

Einkaufszettel für einen Sittich

Käfig	49,00 €
Körnermischung für Goßsittiche, 500 g	2,49 €
Hirsekolben, 2 Stück	1,49 €
Schnabelwetzstein	1,24 €
Tierkohle gegen Durchfall	1,70 €
1 Zusatznapf	2,20 €
Vogelsand, 2 kg	1,30 €
Messingglöckchen mit Kette	2,49 €
Schaukel mit Holzstange	6,00 €
Metallspiegel für Einzelvögel	4,50 €
sonstiges Spielzeug (Holz)	7,30 €
Summe	**???? €**

Aktiv Kurs Thema Kompakt Test

Futter
Schutzimpfungen
Getränke
Pflege
ärztliche Untersuchungen
Steuer
Reinhaltung

6 [👥] Für die Berechnung der gesamten Kosten eines Haustieres müssen neben den Anschaffungskosten auch noch die laufenden Haltungskosten dazugerechnet werden.
a) Stellt eine Liste für ein Tier eurer Wahl mit den Preisen für die monatlichen Haltungskosten zusammen.
b) Tragt aus allen Gruppen in eurer Klasse die Ergebnisse zusammen und vergleicht sie. Welche Tiere sind besonders teuer bzw. besonders billig im Unterhalt? Könnt ihr Gründe dafür nennen?

c) [●] Stellt nun gemeinsam eine Liste auf, mit der man die gesamten einmaligen Anschaffungskosten und die laufenden monatlichen Haltungskosten für ein beliebiges Haustier schnell und einfach berechnen kann.

Haltungskosten für einen Hund (mittelgroß)

Jährlich
Steuer	66,- €
Haftpflichtversicherung	85,- €
verschiedene Impfungen	40,- €
4 x Hundefrisör	150,- €

Monatlich
Trockenfutter	12,- €
Frischfutter	11,- €
Kauknochen / Leckerbissen	5,- €

Summe ???? €

Kostenliste für ....

Anschaffungskosten

1. Kaufpreis = ... €
2. Erstimpfung = ... €
3. .... €

Haltungskosten

1. Tierarzt = ... €
2. Steuer = ... €
3. Versicherung = ... €
4. Frischfutter = ... €
5. .... €

99

Aktiv **Kurs** Thema Kompakt Test

Geld und Preise

Kassenbon

Papagei	350,00 €
Käfig	49,50 €
2x Napf	14,25 €
Spiegel	3,58 €
Badenapf	11,65 €
2x Hirsekolben	2,80 €
250 g Körner	4,29 €
SUMME	€

Bianca kauft mit ihrem Vater einen Papagei, einen Käfig und Zubehör. Wie viel Euro muss sie dafür bezahlen?
Wie viel Wechselgeld bekommt sie zurück, wenn sie mit 500 € bezahlt?

Die Werte von Waren lassen sich mithilfe von Geld angeben und vergleichen. In Deutschland werden der **Euro (€)** und der **Cent (ct)** als Einheiten für Geld benutzt.
Für die Umwandlung gilt: **1 € = 100 ct**

Beispiele

a) Wenn der Preis einer Ware mit 5,60 € ausgezeichnet ist, heißt dies, dass man 5 € und 60 ct dafür bezahlen muss.

5,60 €
5 € 60 ct
560 ct

b) Will man kleinere Euro-Beträge ohne Kommastellen addieren, so muss man sie vorher in Cent-Beträge umwandeln.

```
  0,8 1 € =     8 1 ct
+ 1,4 5 € = +  1 4 5 ct
+ 2,3 3 € = +  2 3 3 ct
              1
              4 5 9 ct = 4,59 €
```

c) Geldbeträge addiert man, indem man die einzelnen Beträge so untereinander schreibt, dass stets Komma unter Komma steht. Dann werden die Ziffern spaltenweise addiert.

```
    3,2 5 €
+   0,9 9 €
+ 1 1,0 7 €
    8,8 5 €
  1 2 2
  2 4,1 6 €
```

Tipp
1. Stelle hinter dem Komma = 10 ct
2. Stelle hinter dem Komma = 1 ct

1 Schreibe in Euro und Cent.
a) 776 ct; 984 ct; 1570 ct; 3807 ct
b) 9,36 €; 8,04 €; 12,12 €
c) 999 ct; 9,09 €; 990 ct; 9,90 €
d) 1818 ct; 8080 ct; 8008 ct

2 Schreibe in Cent.
a) 5 €; 8 €; 15 €; 245 €
b) 2 € 18 ct; 16 € 38 ct; 70 € 12 ct
c) 12 € 3 ct; 21 € 8 ct; 20 € 2 ct
d) 3,48 €; 10,26 €; 0,51 €; 0,01 €

3 Schreibe mit Komma.
a) 870 ct; 1435 ct; 709 ct; 232 456 ct
b) 5 € 36 ct; 12 € 75 ct; 150 € 77 ct
c) 908 ct; 6 € 7 ct; 20 € 2 ct; 10 101 ct
d) 99 ct; 9 ct; 50 ct; 5 ct; 10 ct; 1 ct

4 a) Schreibe auf, welche Cent-Münzen es gibt.
b) Wandle die folgenden Geldbeträge in möglichst wenige Cent-Münzen um.
3,46 € = 6 · 50 ct + 2 · 20 ct + 1 · 5 ct + 1 ct
4,74 €; 2,38 €; 6,19 €; 99 ct; 63 ct; 537 ct

100 ▷ Mathematische Werkstatt, Seite 164/165

Aktiv Kurs Thema Kompakt Test

Zur Erinnerung:
Bei den Ziffern 0; 1; 2; 3 und 4 wird abgerundet.
Bei den Ziffern 5; 6; 7; 8 und 9 wird aufgerundet.
Das Zeichen ≈ bedeutet ungefähr (rund).

💡 Überschlagsrechnung

Gerade beim Einkaufen ist es wichtig, dass man mit gerundeten Zahlen schnell die ungefähre Summe errechnen kann. Man rundet dabei immer so, dass man leicht im Kopf rechnen kann.

Beispiel:
Sonja kauft für ihr Meerschweinchen ein. An der Kasse stellt sie fest, dass sie nur 11 Euro bei sich hat. Schnell überschlägt sie, ob das Geld reicht.

Tierhandlung Schramm	
Heu	1,69 €
Streu	2,89 €
Futter	5,98 €
SUMME	===== €

Welche Überschlagsrechnung wird Sonja wahrscheinlich durchführen?

5 Überschlage im Kopf. Runde auf ganze Euro.
a) 2,98 € + 3,14 € + 7,08 € ≈
b) 0,89 € + 1,73 € + 2,28 € ≈
c) 6,13 € + 6,99 € − 90 ct ≈
d) 29,34 € − 12 € 14 ct − 11 € 98 ct ≈

6 Überschlage. Runde auf Hunderter.
a) 232 € + 77 € + 128 € ≈
b) 399 € − 29 € − 204 € ≈
c) 93,48 € + 14,84 € + 19,67 € ≈
d) Wiederhole deine Rechnungen. Runde nun auf Zehner. Vergleiche die Ergebnisse. Welche Rundung liegt näher am genauen Ergebnis?

7 [•] Kannst du schon vor der Rechnung erkennen, welche Ergebnisse über 100 € liegen?
a) 54,36 € + 12,32 € + 19,18 €
b) 202,58 € − 88 € 22 ct
c) 9,99 € + 999 ct + 9 € 99 ct
d) 150 € − 47,26 €
e) Überprüfe durch genaue Rechnung.

8 Tim richtet sich sein Aquarium neu ein. Mit seiner Mutter kauft er bei ZOO-Raabe ein.

ZOO - Raabe	
# 234	12.10.05
Pflanzen	12,34 €
Schnecken	4,85 €
Sand	2,99 €
Fische	12,90 €
Fische	18,60 €
Fische	15,40 €
SUMME	===== €

a) Überschlage, wie viel Euro er bezahlen muss.
b) Tim zahlt mit einem 50 €- und einem 20 €-Schein. Wie viel Geld bekommt er zurück? Gib verschiedene Schreibweisen an.

9 Ingolf kauft mit seiner Mutter ein: 1 kg Bratenfleisch (14,80 €), Pilze (4,55 €), 1 Flasche Fruchtsaft (1,98 €) und Suppengemüse (1,49 €).
a) Überschlage, ob sie mit 30 € auskommen, wenn sie auch noch für 6,95 € einen Kuchen mitnehmen wollen.
b) Berechne den Rechnungsbetrag.

10 Übertrage in dein Heft. Finde durch Überschlagsrechnung heraus, ob du < oder > einsetzen musst.
a) 15,75 € + 14,95 € ☐ 30 €
b) 20,45 € − 9,98 € ☐ 10 €
c) 6,45 € + 4,65 € + 7,90 € ☐ 20 €
d) 68,98 € − 19,99 € ☐ 50 €

11 Mit welchem Euroschein muss mindestens bezahlt werden, wenn der Betrag jeweils mit nur **einem** Geldschein bezahlt werden soll?
a) 14 € + 27 € + 41 € + 78 €
b) 17,24 € + 28,25 € + 37,75 €
c) 23,08 € + 31,02 € + 46,06 €

12 Berechne jeweils den Betrag, den der Kassierer zurückgeben muss.

	zu zahlen	der Kunde gibt
a)	12,78 €	20 €
b)	18,56 €	50 €
c)	43,13 €	50 € 20 ct
d)	90,59 €	101 €
e)	236,51 €	250 € 1 ct

▷ Mathematische Werkstatt, Seite 158 und 160, Seite 164/165

13 a) Warum fragt die Verkäuferin nach 10 ct, wenn Sarah 9,60 € bezahlen muss?
b) Es müssen 30,70 € bezahlt werden. Ist es besser, 41 € zu geben als 40 €?

14 Lars kauft beim Metzger drei Frikadellen, das Stück zu 0,95 €, und eine Mettwurst für 2,85 €. Er bezahlt mit 20 € und bekommt 13,80 € zurück. Kann das stimmen?

15 Prüfe, ob das Rückgeld stimmt.

	Summe	gegeben	zurück erhalten
a)	17,58 €	20,60 €	3,02 €
b)	22,95 €	30,00 €	8,05 €
c)	4,16 €	5,20 €	1,04 €
d)	67,48 €	70,50 €	3,20 €

16 Wie viele Münzen brauchst du mindestens, um folgende Beträge zu bezahlen?
a) 35 ct; 78 ct; 17 ct; 23 ct
b) 3 € 40 ct; 12 € 32 ct; 4 € 4 ct
c) 2,55 €; 3,07 €; 11,11 €

17 Ein Wechselgeldautomat im Parkhaus wechselt Geldscheine auf Wunsch in 0,5 €-, 1 €- und 2 €-Münzen um.
a) Zakir lässt einen 20-€-Schein in 11 Münzen umwechseln.
b) Sabine lässt einen 10-€-Schein in 5 Münzen umwechseln.
c) Denke dir selbst Münzkombinationen für 5 €- und 50 €-Scheine aus.

Aus der Geschichte des Geldes

Bis Ende des Jahres 2001 war die deutsche Währung die **Mark**. Sie war ursprünglich eine Gewichtsangabe, die seit dem 11. Jahrhundert am Niederrhein benutzt wurde. Bis zur Gründung des Deutschen Reiches im Jahr 1871 wurden in Deutschland vielerlei unterschiedliche Geldwerte verwendet, z. B.
1 Taler = 3 Mark = 30 Groschen.

Im Jahr 1873 wurde die **Reichsmark** eingeführt.
Die Reichsmark wurde in **100 Pfennige** eingeteilt, was rechnerisch viele Vorteile bot.

5-RM-Schein von 1942

Mit der Gründung der Bundesrepublik Deutschland im Jahr 1948 hieß unsere Währung **Deutsche Mark**.

20-DM-Schein von 1948

Seit dem 1.1.2002 haben sich die meisten Länder der Europäischen Union darauf geeinigt, den **Euro (€)** als einheitliche Währung einzuführen.
▷ Weißt du, in welchen Ländern der Euro bisher eingeführt wurde?

10-Euro-Schein

▷ Mathematische Werkstatt, Seite 164–167; Kasten, Seite 101

Aktiv **Kurs** Thema Kompakt Test

Vervielfachen und Teilen von Geldbeträgen

Michaels Hund frisst in einer Woche fünf Dosen Rex und jeden Tag zwei Kauröllchen. Wie viel Geld muss Michael dafür in einer Woche aufbringen, wenn er dieses Angebot nutzt?

Beim **Vervielfachen** oder **Aufteilen von Geldbeträgen** rechnet man am einfachsten ohne Komma. Dabei werden die Euro-Beträge zunächst in Cent und nach der Rechnung wieder zurück in Euro umgewandelt.

Beispiele

Geldbeträge vervielfachen

$1{,}45\ € \cdot 3$

1) vorher umwandeln:

$1{,}45\ € = 145\ ct$

$145\ ct \cdot 3$
_____
$435\ ct = 4{,}35\ €$

2) mit dem Komma rechnen:

$1{,}45\ € \cdot 3$
_____
$4{,}35\ €$

3) Probe durchführen:

$4{,}35\ € : 3 = 1{,}45\ €$

Geldbeträge (auf)teilen

$4{,}88\ € : 4$

1) vorher umwandeln:

$4{,}88\ € = 488\ ct$

$488\ ct : 4 = 122\ ct$
-4
___
08
-8
___
08
-8
___
0

2) mit dem Komma rechnen:

$4{,}88\ € : 4 = 1{,}22\ €$

3) Probe durchführen:

$1{,}22\ € \cdot 4 = 4{,}88\ €$

Tipp
Hier hilft dir die Überschlagsrechnung, das Komma richtig zu setzen (bei € immer zwei Stellen)

$1{,}45\ € \cdot 3 \approx 4{,}50\ €$

1 Rechne im Kopf.
a) $9\ € \cdot 5$
   $36\ € \cdot 11$
   $17\ ct \cdot 12$
b) $88\ € : 8$
   $114\ € : 6$
   $200\ € : 25$

2 Berechne wie im Beispiel oben. Überschlage zuerst.
a) $1{,}51\ € \cdot 6$
   $7{,}85\ € \cdot 21$
b) $4{,}59\ € : 9$
   $24{,}42\ € : 11$

3 Peter wünscht sich für sein Sporttraining drei Trikots zum Wechseln. Ein Trikot kostet 21,50 €. Wie viel Euro müssen seine Eltern bezahlen?

4 In vier Geschäften wird das gleiche Katzenfutter in Dosen angeboten:
3 Dosen zu 3,81 €; 5 Dosen zu 6 €;
6 Dosen zu 7,50 €; 4 Dosen zu 4,76 €.
Welches Angebot ist am billigsten?

▷ Mathematische Werkstatt, Seite 176/177 und 179

5 Berechne. Wandle zunächst um.
a) 2,20 € · 3   b) 4,75 € · 6
   3,10 € · 5   8,90 € · 8
   6,30 € · 7   9,95 € · 7
   11,20 € · 4   17,85 € · 7
c) 8,75 € : 5   d) 19,20 € : 16
   7,20 € : 8   55,80 € : 9
   9,60 € : 12   60,50 € : 11
   14,40 € : 12   163,80 € : 13

6 a) Womit musst du 80 ct multiplizieren, um 6,40 € zu erhalten?
b) Durch welche ganze Zahl musst du 12,40 € teilen, um 3,10 € zu bekommen?
c) Vervielfache 1,50 € so oft, bis du über 20 € erhältst.

7 a) Teile 16 € dreimal hintereinander durch 4.
b) Mit welcher ganzen Zahl musst du das Ergebnis aus a) multiplizieren, um wieder 16 € zu erhalten?

8 [●] a) Eine Überschlagsrechnung von 5 € · 12 ergibt 60 €. Welche genauen Beträge könnten zu diesem Überschlag geführt haben? Überlege ebenso für:
1) 20 · 50 € = 1000 €
2) 15 € · 15 = 225 €
3) 10 · 3 € = 30 €
b) Tuncay geht mit 40 € in der Tasche einkaufen. Er kauft sich für rund 20 € ein T-Shirt und für rund 30 € eine Jacke. Ist das möglich?

9 Ergänze die fehlenden Werte.

·	a) 7	b) 9	c) 20
18 €			
1,75 €			
2,88 €			
		108 €	
			147,20 €

10 [●] Inge bekommt von ihren Großeltern, Eltern und einer Tante einen Reitkurs für 180 € geschenkt, den sie in gleichen Anteilen bezahlen. Wie viel Euro muss jeder zahlen?

11 Wie viel kosten die Waren jetzt?

12 [●] a) Susanne hat vier Flaschen Kakao zu je 0,75 € und drei Schokoriegel zu je 0,45 € gekauft. Sie bezahlt mit einem 20 €-Schein. Wie viel erhält sie zurück?
b) Matthias kauft zwei Kästen Wasser zu je 3,90 € und sechs Flaschen Limonade zu je 0,65 €. Er bezahlt mit zwei 5-€-Scheinen. Kann das Geld reichen?
c) [👥] Erfindet selbst Einkaufsgeschichten und löst sie gegenseitig.

13 Michael ist ein Tierliebhaber und möchte das Tier-Magazin abonnieren. Dieses erscheint monatlich und kostet im Laden 3,50 €. Im Jahresabonnement muss er 39,00 € zahlen. Wie viel Euro spart Michael pro Heft und im Jahr?

14 Man kann Geldbeträge auch durch Geldbeträge teilen.
Ein Schüler hat in den Ferien gejobbt. Er hat in 14 Tagen 360 € verdient. Sein Stundenlohn betrug 6 €.
Wie viele Stunden hat er gearbeitet?
360 € : 6 € = 60
Er hat 60 Stunden gearbeitet.
Berechne ebenso. Denke dir zu zwei Rechnungen eine passende Alltagssituation aus.
a) 450 € : 25 €
b) 7,50 € : 0,50 €
c) 187,50 € : 12,50 €
d) 3,55 € : 5 ct
e) 8,12 € : 0,07 €

15 [●] Für einen Ferienreitkurs nimmt der Veranstalter 8736 €. Jedes Kind muss 312 € zahlen. Wie viele Teilnehmer nehmen an dem Kurs teil?

16 [●] **Aus dem Guinessbuch**
Die größte Groschenspende gab es im Saarland während des Lebacher Stadtfestes im Juni 1988.
Stattliche 37 580,40 DM kamen zugunsten einer Kinderhilfe zusammen. Wie viele 10-Pfennig-Stücke und wie viele Rollen mit je 50 10-Pfennig-Stücken sind dies?

Knobeln mit Geld

17 **Die Centpyramide**
Die Centstücke sind so gelegt, dass bei dem Dreieck die Spitze nach oben zeigt. Möglichst wenige Centstücke sollen nun verschoben werden, sodass die Spitze des Dreiecks nach unten zeigt. Hier kann Probieren helfen!

18 Wie kannst du einen Geldbetrag von genau 31 ct hinlegen, wenn du nur 10-ct-, 5-ct- und 2-ct-Münzen zur Verfügung hast? Zeichne alle Möglichkeiten auf.

19 Neun Geldbeträge von 1 € bis 9 € sollen so in diesem Quadrat angeordnet werden, dass die waagerechte, senkrechte und diagonale Summe der Beträge immer gleich ist. Vervollständige das Quadrat in deinem Heft.

3 €	5 €	7 €
8 €		

▷ Mathematische Werkstatt, Seite 176–180; Kasten, Seite 22

5.2 Aktiv Kurs Thema Kompakt Test

Was frisst mein Haustier?

1 [👥 @] Berichtet über eure eigenen Erfahrungen mit der Ernährung von Haustieren.
– Was, wie viel und wie oft fressen eure Haustiere? Gibt es einen Zusammenhang zwischen Größe und Alter der Tiere und der täglichen Nahrungsmenge?
– Wo kommt die Nahrung her?
– Wie wird sie zubereitet?
Wenn euch Informationen fehlen, erkundigt euch in Tierhandlungen, Haustierbüchern oder im Internet.

2 [👥 @] Neben selbst zubereitetem Frischfutter gibt es heute in Tierhandlungen oder Supermärkten für viele Tierarten eine ungeheure Fülle von fertigem Dosenfutter oder Trockenfutter, Mischfutter, Leckerbissen und Kauspielzeug.
Erkundigt euch in einer Tierhandlung oder in einem Supermarkt über das Futterangebot für eine Tierart und sammelt die Ergebnisse in einer Tabelle.

3 [👥] Bearbeitet gruppenweise folgende Themen. Tragt alle Ergebnisse aus den Gruppen zusammen.
a) Welche Futterarten habt ihr gefunden, wie unterscheiden sie sich voneinander? (Achtet dabei auf die Zusammensetzung des Futters.)
b) In welchen Mengen oder Packungsgrößen wird fertiges Tierfutter angeboten?
c) In welchen Maßeinheiten werden Mengenangaben gemacht? Gebt Beispiele an.
d) Ist teureres Futter auch jeweils besser? Beachtet die Zusammensetzung.

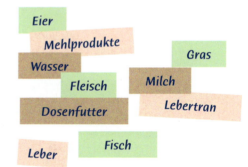

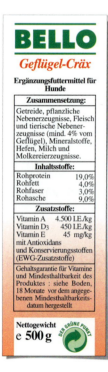

Art des Futters	Menge	Zusammensetzung	Zusatzstoffe	Preis
Hundecracker	500 g	Getreide	Vitamine A, E, D	3,79 €
		pflanzliche Erzeugnisse	Konservierungsstoffe	
		Mineralstoffe		

4 Günstige Futterpreise ermitteln

a) Das Katzentrockenfutter „Katzi-Schmatz" wird in verschiedenen Mengen in Beuteln angeboten. Berechne für jede Beutelgröße den Kilopreis des Futters und vergleiche sie miteinander.

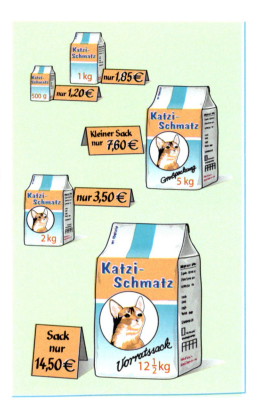

Übrigens
Das Zeichen ≙ bedeutet entspricht.

	Futter A			Futter B	
·2 (	500 g ≙ 1,80 €	) ·2	:5 (	5 kg ≙ 19,00 €	) :5
	1000 g ≙ 3,60 €			1 kg ≙ 3,80 €	

b) [@] Suche selbst ein fertiges Tierfutter aus und berechne, in welcher angebotenen Packungsgröße der Kilopreis am günstigsten ist. Sind die Großpackungen wirklich immer billiger?

c) [@] Erkundige dich (z. B. auf den Fütterungshinweisen der Verpackung), wie viel Gramm von diesem Futter das Haustier täglich erhalten soll. Berechne dann, wie viele Tage oder Wochen du mit der günstigsten Packung auskommen würdest.

5 [●] Futterwochenplan erstellen

a) Stelle anhand dieser Futterliste für Meerschweinchen einen abwechslungsreichen Futterwochenplan zusammen. Das Tier soll täglich 80–100 g Futter erhalten. Achte darauf, dass bei den einzelnen Futterarten der tägliche Bedarf nicht überschritten wird.

Tipp
1 ml (Milliliter) Wasser ≙ 1 g Wasser.

b) Neben dem Futter soll das Tier täglich ca. 150 g Trinkwasser bekommen. Ist das mehr als 1 Liter pro Woche?

Futterliste für Meerschweinchen

Futterart	tägl. Bedarf in g
Trockenfutter	
Trockenfuttermischung	10–20
Körner	10–20
(Weizen, Mais, Hafer)	
Heu	unbegrenzt
Trockenkräuter	unbegrenzt
Saftfutter	
Wiesengras	50–80
Löwenzahn	30–60
Brennesseln	30–60
Möhren	50–80
Futterrüben	50–80
Gekochte Kartoffeln	20–40
Äpfel	40–70
…	

Gewicht

Wie viel Gramm pro Mahlzeit darf eines dieser Kätzchen bekommen? Wie viel Kilogramm sind das pro Woche?

Alter/Gewicht	Fütterungen pro Tag	Menge pro Tag
Jungtiere 7–12 Wochen	5	90 g
Halberwachsene 3–6 Monate 1,5 kg	2	140 g
Erwachsene ab 7 Monate etwa 4 kg	2	340 g

Übrigens
In der Physik verwendet man statt Gewicht den Begriff **Masse**.

Kilogramm ist die Grundmaßeinheit für Gewichte.

Tonne t
Kilogramm kg
Gramm g
Milligramm mg

1 t = 1000 kg
1 kg = 1000 g
1 g = 1000 mg

Die Umwandlungszahl ist 1000.

Für die Umwandlung von Gewichtsangaben in andere Gewichtseinheiten oder in die **Kommaschreibweise** eignet sich die Darstellung in einer Stellenwerttafel:

t			kg			g			mg		
H	Z	E	H	Z	E	H	Z	E	H	Z	E
		3	7	6	2						
				4	2	1	8	5			
						7	0	5	8		

Beispiele:

3,762 t   =   3 t 762 kg   =   3762 kg
42,185 kg   =   42 kg 185 g   =   42185 g
7,058 g   =   7 g 58 mg   =   7058 mg

Übrigens
milli bedeutet *durch 1000*
1 mg = 1 g : 1000

kilo bedeutet *1000-mal*
1 kg = 1 g · 1000.

Beispiele
1 Milligramm: ein kleines Staubkorn
1 Gramm: ein neu geborener Hamster
1 Kilogramm: ein Liter Wasser
1 Tonne: ein Walross

1 l = 1000 ml

1 Bei den Gewichtsangaben für die Tiere wurde alles durcheinander gebracht. Ordne die Angaben wieder richtig zu: Meise 30 kg, Pferd 1 g, Katze 300 kg, Gorilla 5 kg, Fliege 750 kg, Hund 10 g

2 Nenne zehn möglichst unterschiedlich schwere Gegenstände und schätze das Gewicht.
Mit welcher Waage könnte man die geschätzten Größen nachprüfen?

3 Nenne Gegenstände, die ungefähr folgendes Gewicht haben:
a) 10 g; 250 g; 500 g; 1500 g; 5 kg
b) 10 kg; 50 kg; 100 kg; 1 t; 100 t.
Prüfe die Ergebnisse so weit wie möglich mit einer geeigneten Waage nach.

Briefwaage

Küchenwaage

Personenwaage

4 Wandle um.
a) in **g**: 6 kg; 15 kg 625 g; 7 kg 80 g; 2 t; 1700 mg; 5 kg 5 g; 6 t 40 kg; 400 kg 4 g
b) in **kg**: 2 t; 22 t; 222 t; 8 t 436 kg; 80 t 136 kg; 9 t 90 kg; 980 000 g
c) in **mg**: 4 g; 40 g; 17 g 425 mg; 2 kg; 65 g 50 mg; 6 g 6 mg; 3 kg 30 mg
d) in **t**: 3000 kg; 17 000 kg; 70 000 kg; 980 000 kg
e) Trage verschiedene Werte aus den Aufgaben a) – d) in eine Stellenwerttafel ein.
f) Denke dir selbst schwierige Umwandlungsaufgaben aus.

5 Zerlege wie im Beispiel.
 4090 g = 4000 g + 90 g = 4 kg 90 g
a) 3500 g = ☐   b) 6750 g = ☐
 7300 g = ☐   17 400 ml = ☐
 9600 ml = ☐   10 050 g = ☐
 7005 kg = ☐   8001 g = ☐
c) Kannst du erklären, warum solche Zerlegungen hilfreich sind?

6 Eine Waage mit digitaler Anzeige zeigt alle Gewichte nur in Kilogramm an. Wie werden folgende Gewichte angezeigt?
a) 3500 g   b) 700 g
 10 000 g   250 g
  1700 g   185 g
  4370 g   20 g

7 Berechne.
a) 35 kg + 12 kg 500 g + 13 kg 750 g
b) 99 kg 90 g + 9 kg 60 g + 7 kg 50 g
c) 33 kg 50 g + 11 kg 10 g + 10 kg
d) 99 t 60 kg + 900 kg + 50 kg + 2 t

8 Ordne der Größe nach.
a) 7,745 kg; 7750 g; 7 kg 740 g
b) 1 t 111 kg; 1,11 t; 1101 kg
c) 5000 mg; 5,001 g; 5 g 10 mg

9 Rechne geschickt. Wandle, wenn nötig, vorher um.
a) 5,500 kg · 3   b) 1,750 kg : 5
 6,875 kg · 6   48,080 kg : 8
 8,750 kg · 7   12,300 kg : 10

10 [●] a) Ein Elefantenbaby wiegt 120 kg. Ausgewachsen wiegt der Elefant 6 t. Berechne die Gewichtszunahme.
b) Das leichteste Landsäugetier ist die Hummelfledermaus mit etwa 2 g. Wie viel mal ist ein ausgewachsener Elefant schwerer?

c) [@] Schlage nach, wie viel andere Tiere wiegen. Bilde ähnliche Aufgaben.

11 [●] a) Ordne nach Gewicht.

Blauwal	177 t	Elefant	3,1 t
Grizzly	450 kg	Nilpferd	2,5 t
Elch	400 kg	Strauß	100 kg
Meeresschildkröte	450 kg	Walross	1 t

b) Wie viel wiegen alle Tiere zusammen?
c) Wie viele Nilpferde wiegen etwa so viel wie ein Blauwal?
d) Wie viele Strauße wiegen etwa so viel wie ein Elefant?
e) [👥] Stellt euch dazu ähnliche Aufgaben und löst sie gegenseitig.

▷ Mathematische Werkstatt, Seite 161 – 163 und 168/169

Alltägliche Bruchteile
– von einem Kilogramm

$\frac{1}{4}$ kg = 250 g = $\frac{1}{2}$ Pfund
$\frac{1}{2}$ kg = 500 g = 1 Pfund

– von einem Liter

$\frac{1}{8}$ l = 125 ml
$\frac{3}{4}$ l = 750 ml

12 a) Gib die Gewichte als Bruchteile eines Kilogramms an.
1 Stück Butter 250 g = ☐ kg
1 Tafel Schokolade 100 g = ☐ kg
1 Paket Nudeln 500 g = ☐ kg
1 Brot 750 g = ☐ kg
b) Suche auf Lebensmittelpackungen nach Gewichtsangaben und gib sie, wenn möglich, als Bruchteil eines Kilogramms an.

13 a) Vervollständige die Mengenangaben der nebenstehenden Messbecherskala. In wie viele Teile wurde der Liter unterteilt?
b) Gib alle Literanteile auch in Milliliter an.

14 Getränkeflaschen können unterschiedliche Mengen enthalten, z. B. 700 ml; 500 ml; 250 ml; 375 ml; 100 ml; 750 ml.
a) [👥] Gib die Mengenangaben ihrer Größe nach an und schreibe sie als Bruchteile eines Liters. Vergleicht eure Schreibweisen.
b) [●] Susanne liest in einem Kochbuch, dass sie $\frac{1}{8}$ l Sahne zugeben muss. Auf ihrem Sahnebecher steht jedoch nur eine Grammangabe. Sie gibt 1 Becher Sahne mit 200 g zu. Stimmt das?

15 Bei Lkws gibt es die Bezeichnungen $3\frac{1}{2}$-Tonner und $7\frac{1}{2}$-Tonner.
a) Was heißt das?
b) Wie viel wiegen normale Pkws? Schätze.
c) [👥] Ermittelt das ungefähre Gewicht eurer Klasse und vergleicht.

Knobeleien mit Gewichten

16 [●] Wie viele Hunde sind gleich schwer wie ein Pony?

Erkläre, mit welcher Strategie du die Frage beantworten konntest.

17 [●●] **Falschgeld im Spiel**

Die Abbildung zeigt zehn Stapel aus jeweils zehn Münzen. In einem Stapel sind alle Münzen gefälscht, aber wir wissen nicht, welcher das ist. Das Gewicht einer echten Münze ist bekannt. Wir wissen auch, dass eine falsche Münze ein Gramm mehr wiegt als eine echte.
Mithilfe einer Briefwaage kann, durch nur einen einzigen Wiegevorgang, der Stapel mit den gefälschten Münzen ermittelt werden. Dafür nimmt man vom 1. Stapel eine Münze, vom 2. Stapel zwei Münzen, vom 3. Stapel drei Münzen usw. Dann wiegt man alle heruntergenommenen Münzen auf einmal. Erkläre, wieso das mit diesem Verfahren klappt.

5.3

Wie alt, wie schwer, wie schnell?

1 [@] Lege dir eine Tabelle an. Schätze einmal, wie schwer diese Tiere werden. Vergleiche die geschätzten und wirklichen Gewichtswerte miteinander und trage die Unterschiede in die Spalte Abweichung ein. Bei welchen Tieren hast du gut geschätzt, bei welchen waren deine Schätzwerte schlecht?

	geschätzt	wirkl. Wert	Abweichung
Pferd			
Katze			
Wellensittich			
Kaninchen			

2 [👥 @] Legt euch auch Tabellen für das Alter und die Schnelligkeit dieser Tiere an und vergleicht ebenso geschätzte und echte Werte.
Woran liegt es wohl, dass ihr bei manchen Größen so völlig falsch schätzt? Wie helft ihr euch selbst beim Schätzen?

3 [@] Ordne die Tiere jeweils nach ihrem Gewicht, ihrem Alter und ihrer Schnelligkeit. Füge noch andere Tiere hinzu. Wenn du möchtest, kannst du hierfür ein Tabellenkalkulationsprogramm verwenden.

Tipp
Die wirklichen Werte könnt ihr z. B. in einem Lexikon, einem Biologiebuch oder im Internet erfahren.

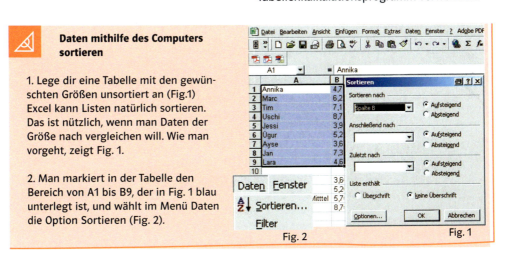

Daten mithilfe des Computers sortieren

1. Lege dir eine Tabelle mit den gewünschten Größen unsortiert an (Fig.1) Excel kann Listen natürlich sortieren. Das ist nützlich, wenn man Daten der Größe nach vergleichen will. Wie man vorgeht, zeigt Fig. 1.

2. Man markiert in der Tabelle den Bereich von A1 bis B9, der in Fig. 1 blau unterlegt ist, und wählt im Menü Daten die Option Sortieren (Fig.2).

111

Schätzen

Wie schwer ist wohl ein neu geborenes Meerschweinchen?

Wie viele Fische sind wohl in diesem Schwarm?

Manchmal können oder wollen wir die genaue Anzahl, Länge, Größe oder das genaue Gewicht nicht bestimmen. Dann kann man den ungefähren Wert bestimmen.

> Durch **Schätzen** erhält man einen **Näherungswert** für eine Anzahl oder ein Maß. Dazu braucht man Erfahrung und **Vergleichsgrößen**.

Beispiele
von Vergleichsgrößen zu Längen:
– dein Zeigefinger ist etwa 1 cm breit   – ein Stichling ist etwa 4 cm lang
– die Spanne zwischen Daumen und Zeigefinger ist etwa 10 cm   – ein junger Goldhamster ist etwa 10 cm lang
– eine große Schrittlänge ist etwa 1 m   – ein Schäferhund misst bis zur Schwanzspitze etwa 1 m.

von Vergleichsgrößen zu Gewichten:
– 1 Füllerpatrone wiegt etwa 1 g   – ein Zaunkönig wiegt etwa 1 g
– 1 Füller wiegt etwa 10 g   – ein Esslöffel voll Weizenkörner wiegt etwa 10 g
– 1 Tafel Schokolade wiegt etwa 100 g   – ein neu geborener Hund wiegt etwa 100 g
– 1 Packung Zucker wiegt etwa 1 kg   – ein erwachsenes Meerschweinchen wiegt etwa 1 kg

1 Schätze mithilfe der Vergleichsgrößen.
a) Wie lang ist eine Katze?
b) Wie hoch ist ein Dackel?
c) Wie schwer ist eine weiße Maus?
d) Wie schwer ist ein Kaninchen?

2 Suche selbst Gegenstände oder Tiere aus, die einer der in den Beispielen genannten Vergleichsgrößen entsprechen. Überprüfe deine Schätzungen durch Nachmessen oder Wiegen.

Tipp
Vögel haben immer einen leichteren Körperbau als gleich große andere Tiere.

3 [@] Wie viel wiegt …

ein/e	geschätzt	tatsächlich
Blauhai		
Blaumeise		12 g
Brieftaube		
Elefant		
Eichhörnchen		
Hamster		500 g
Hecht		
Igel		
Kaninchen		
Storch		
Meeresschildkröte		150 kg

Tipp
Drei dieser Tiere sind etwa gleich schnell.

4 [@] Wie schnell ist … ?

ein/e	geschätzt	tatsächlich
Biene		
Brieftaube		70 km/h
Elefant		
Feldhase		
Fußgänger		
Pferd im Galopp		
Schnecke		7 m/h
Stubenfliege		
Schwalbe		
Wanderfalke		290 km/h

5 Wie hoch könnte die Rutsche sein? Beschreibe, wie du vorgegangen bist.

6 a) Erst schätzen, dann nachschlagen!

wie	ist ein/e	geschätzt	tatsächlich	Differenz
hoch	Giraffe			
lang	Löwe			
lang	Ratte			
hoch	Pferd			
lang	Elefant			
hoch	Gorilla			
lang	Hamster			

b) Füge noch andere Tiere hinzu. Was kannst du besser schätzen, hoch oder lang?

7 a) Ordne sechs kleine Gegenstände aus deiner Schultasche nach ihrem Gewicht, indem du jeweils zwei Gegenstände miteinander vergleichst.
b) Schätze, wie schwer die Gegenstände sind.
c) [✂] Überprüfe deine Schätzungen mit einer Waage.

8 [●] a) Wie schwer sind alle Schulbücher an deiner Schule?
b) [👥] Überlegt und bearbeitet in Gruppen weitere Fragen. Stellt euch eure Ergebnisse vor.

9 [👥] Schätze das Gewicht der drei Angler.
Vergleicht eure Schätzstrategien.

113

5.4   Aktiv   Kurs   Thema   Kompakt   Test

Nachkommen von Katzen

Wie viele Kinder, Enkel, Urenkel, … hat eine Katze?
Da aber jedes Jungtier nach einem Jahr selbst Nachwuchs bekommen kann, vermehrt sich eine einzige Katze natürlich sehr viel stärker. Damit die Rechnung einfacher wird, wollen wir stets nur den ersten Wurf jeder Katze betrachten.

So nett und niedlich Katzen auch sind, führt ihre hohe Fruchtbarkeit in manchen Teilen Deutschlands doch zu einer wahren Katzenplage. So wurden allein in Hamburg in einem Jahr etwa 4800 entlaufene Katzen in einem Tierheim abgeliefert.

Tipp
Erkundigt euch beim Bauern oder lest in einem Biologiebuch nach, was dort über die Fruchtbarkeit von Katzen zu lesen ist.

Jungkatzen sind schon mit einem Jahr voll ausgewachsen. Sie können bis zu dreimal jährlich pro Wurf drei bis sechs Junge zur Welt bringen. Katzen werden bei uns durchschnittlich 12 Jahre alt.

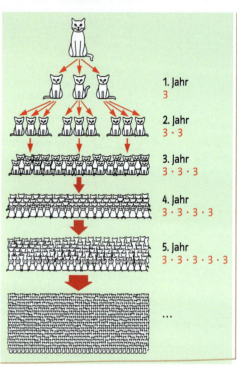

1. Jahr
3

2. Jahr
3 · 3

3. Jahr
3 · 3 · 3

4. Jahr
3 · 3 · 3 · 3

5. Jahr
3 · 3 · 3 · 3 · 3

…

Wie viele Junge hat eine Katzenmutter?
Rechnet man mit 3 Würfen pro Jahr und jeweils 3 Jungen pro Wurf, so lässt sich die Anzahl der Jungen **einer** Katze mit diesem Schaubild bestimmen.

Übrigens
Da in einem Wurf auch Kater sind, die natürlich keine Junge bekommen, rechnen wir in unserem Modell nur mit einer kleinen „Anzahl pro Wurf".

1. Jahr
3 + 3 + 3

2. Jahr
3 + 3 + 3

3. Jahr
3 + 3 + 3

4. Jahr
3 + 3 + 3

5. Jahr
3 + 3 + 3

1 Berechne mithilfe des Schaubildes, wie viele Junge **eine** Katze nach 5 Jahren und wie viele in ihrem ganzen Leben bekommen könnte. Beschreibe dabei deinen Rechenweg so genau wie möglich.

2 [●] Erläutere das Schaubild oben und begründe die Rechnung.

3 [@] Lies im Lexikon oder im Internet nach, was du dort über Ratten- und Mäuseplagen erfährst und berichte in der Klasse darüber.

114   ▷ Mathematische Werkstatt, Seite 168/169

Potenzieren

Wildkaninchen sind sehr fruchtbare Tiere. Schon ab ihrem 7. Lebensmonat können die Weibchen Junge bekommen. Ein Weibchen wirft 5- bis 7-mal im Jahr. Pro Wurf sind es durchschnittlich 8 Junge.

Ein Wildkaninchen bekommt im ersten Wurf 8 Junge. Diese gebären in ihrem ersten Wurf jeweils ebenfalls 8 Junge und diese Jungen wiederum auch.
Wie viele Nachkommen sind das allein aus diesen Würfen einer jeden neuen Generation? Beschreibt, welche Bedeutung bei eurer Rechnung die 8 (Junge pro Wurf) und die 3 (Anzahl der Würfe) haben.

Sind in einem Produkt alle Faktoren gleich, so können wir diese Multiplikationsaufgabe auch kürzer schreiben:
$$8 \cdot 8 \cdot 8 = 8^3 \text{ (lies: 8 hoch 3)}$$

Diese Rechenart nennt man **Potenzieren**.

Potenz
$$5 \cdot 5 \cdot 5 = 5^3 = 125 \quad \text{Wert der Potenz}$$
Grundzahl   Hochzahl

Die Grundzahl gibt den Faktor an, die Hochzahl die Anzahl der Faktoren.

Beispiele
a) $4 \cdot 4 \cdot 4 = 4^3 = 64$
b) $2 \cdot 2 \cdot 2 \cdot 2 \cdot 2 = 2^5 = 32$
c) $1 \cdot 1 \cdot 1 \cdot 1 \cdot 1 \cdot 1 = 1^6 = 1$
d) $7 \cdot 7 \cdot 7 \cdot 7 = 7^4 = 2401$
e) $10 \cdot 10 = 10^2 = 100$
f) $10 \cdot 10 \cdot 10 \cdot 10 = 10^4 = 10\,000$

1 Schreibe das Produkt als Potenz und berechne den Wert.
a) $4 \cdot 4 \cdot 4 \cdot 4$
b) $2 \cdot 2 \cdot 2 \cdot 2 \cdot 2 \cdot 2$
c) $6 \cdot 6 \cdot 6$
d) $10 \cdot 10 \cdot 10 \cdot 10$
e) $1 \cdot 1 \cdot 1 \cdot 1$
f) $3 \cdot 3 \cdot 3 \cdot 3$

2 Schreibe die Potenz als Produkt und berechne den Wert.
a) 2^3; 3^2; 3^3
b) 4^2; 2^4; 4^3
c) 2^5; 4^4; 8^2
d) 12^2; 14^2; 15^2
e) 1^5; 10^3; 100^2
f) 8^3; 20^2; 10^2

▷ Mathematische Werkstatt, Seite 168/169

Aktiv **Kurs** Thema Kompakt Test

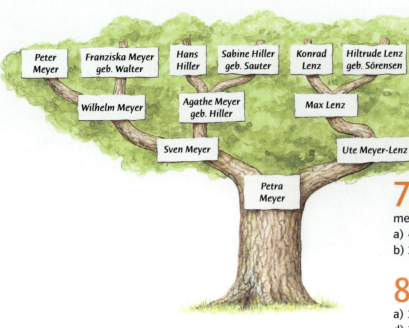

3 Petra zeichnet ihren Stammbaum. Wie viele Eltern, Großeltern und Urgroßeltern hat sie jeweils? Wie viele Ururgroßeltern kann sie höchstens haben?

4 Falte den Bogen einer Tageszeitung so oft wie möglich. Lege in deinem Heft eine Tabelle an und trage die Anzahl der Faltungen und die Anzahl der übereinander liegenden Papierschichten ein. Kannst du den Bogen 10-mal falten? Wie viele Lagen Papier lägen dann übereinander?

5 Potenzen mit der **Hochzahl 2** kann man durch Quadrate veranschaulichen:

Man nennt sie deshalb **Quadratzahlen**. Setze fort: $1^2 = 1$; $2^2 = 4$; $3^2 = 9$; … bis $15^2 = 225$.

6 a) Wie viele junge Triebe hat der Baum?
b) [●] Gib verschiedene Möglichkeiten an, wie die Anzahl bestimmt werden kann.

7 [●] Stelle die Zahlen in der Potenzschreibweise dar. Manchmal gibt es mehr Möglichkeiten.
a) 49; 81; 100; 64; 900
b) 27; 8; 125; 216; 8000

8 [●] Welche Zahl kannst du anstelle des Kästchens schreiben?
a) $2^5 = \square$ b) $2^\square = 64$ c) $\square^3 = 1000$
d) $3^\square = 81$ e) $\square^7 = 1$ f) $1^\square = 1$

9 [●] Knöpfe wurden früher häufig in Dutzend und Gros gezählt.
Dabei bedeutete:
– 1 Dutzend = 12 Stück
– 1 Gros = 12 Dutzend
a) Schreibe als Potenz, wie viele Stück ein Gros sind.
b) Wie viele Knöpfe sind 7 Gros, 10 Dutzend und 11 Stück?

10 [●] **Der kohlweißliche Stammbaum**

Ein weiblicher Kohlweißling legt 200 Eier. Aus der Hälfte werden nach einem Monat wieder weibliche Schmetterlinge. Wie viele Urenkelinnen hat ein einziger Kohlweißling?

Pferdehaltung

Mietstall und Futter (für ein Jahr)
2400,– Euro

Zeitlicher Aufwand
Pflege: 1 h täglich
Fütterung: ½ h täglich
Stallreinigung: 2 h wöchentlich
Ausführen und Reiten: 6 h wöchentlich

Anschaffung für das Pferd
Kaufpreis für das Pferd: 2000,– Euro
Sattel: 450,– Euro
Zaumzeug: 60,– Euro
Satteldecke: 50,– Euro
Pflegegeräte (Striegel): 65,– Euro

Laufende Kosten (für ein Jahr)
Versicherung: 120,– Euro
Steuern: 95,– Euro
Reitplakette: 40,– Euro
Hufschmied: 70,– Euro
(pro Beschlag, ca. 6 x im Jahr)

Reitkleidung
Reithose: 99,– Euro
Reitstiefel: 110,– Euro
Kappe: 32,– Euro
Gerte: 19,50 Euro

Melissa und ihre Freundin Anja wohnen am Stadtrand, in der Nähe eines Bauernhofes. In dem kann man für 2400 € im Jahr einen Platz in einem Pferdestall mieten und sein Pferd auch füttern lassen. Sie erkundigen sich, welche Anschaffungs- und Haltungskosten für den Traum von einem eigenen Pferd auf sie zukämen.

1 Wie hoch sind die Anschaffungskosten? Was kostet für beide Mädchen die Reitkleidung? Wie hoch sind die laufenden Kosten (auch Mietstall und Futter) pro Jahr? Wie hoch sind sie pro Monat?

2 Können Melissa und Anja sich zusammen ein solches Pferd leisten, wenn sie ihr ganzes Taschengeld (jede 25 € monatlich) dafür einsetzen und jede noch von ihren Eltern 50 € monatlich dazubekommt?

3 Wie viele Kinder müssten sich gemeinsam an der Pflege beteiligen, wenn jedes Kind monatlich 40 € aufbringen könnte?

4 Welcher tägliche und wöchentliche Zeitaufwand für Fütterung und Pflege käme zu den Kosten noch hinzu?

5 Wie teuer wäre für jedes der beiden Mädchen eine Reitstunde auf dem eigenen Pferd, wenn sie jeweils 3 Stunden in der Woche ausreiten?

6 [●] Auf dem gleichen Bauernhof kann man sich auch für 12,50 € pro Stunde ein Pferd zum Reiten mieten (10 Stunden im Monat nur 98 €). Wie hoch wären jetzt für jedes Mädchen die monatlichen Kosten, wenn es 3 Stunden pro Woche reiten würde?

7 [● 👥] Vergleicht die Vor- und Nachteile von „eigenem Pferd" und „stundenweisem Mieten" miteinander.

Ernährung von großen und kleinen Hunden

1 a) Berechne für jeden Hund die wöchentliche Futtermenge in Gramm (1 Dose wiegt 400 g).
b) Wie viel Gramm wiegt das wöchentliche Dosenfutter mehr als das Trockenfutter? Findest du dafür eine Erklärung?

So viel Futter braucht ein Hund täglich:

Körpergewicht	nur Dosenfutter	nur Trockenfutter
bis 10 kg	1 Dose	200 g
bis 25 kg	2 Dosen	400 g
bis 45 kg	3 Dosen	600 g

2 Zu ihrem normalen Futter brauchen auch Hunde nebenbei mal leckere Extras.
a) [✂] Bringt Hunde-Snacks mit. Schätzt erst und wiegt dann aus, wie viel Gramm eine Hand voll etwa sind.
b) Berechnet, wie viel Gramm Zusatzfutter das für jeden Hund täglich und wöchentlich ausmacht.

Geflügel-Cräx
Bello Hunde-Snacks

Fütterungsanweisung:
für den kleinen Hund: 1 Hand voll pro Tag
für den mittleren Hund: 2–3 Hände voll pro Tag
für den großen Hund: 5–6 Hände voll pro Tag

3 [●] Für ein Trockenhundefutter gibt der Hersteller auf der Packung folgende Fütterungsempfehlung:

FÜTTERUNGSEMPFEHLUNG

Hundegewicht	5 kg	10 kg	15 kg	30 kg	40 kg	55 kg
Rasse	🐕	🐕	🐕	🐕	🐕	🐕
g/Tag	120	200	250	450	600	750

Stelle in einem Schaubild dar, wie mit größerem Körpergewicht der tägliche Futterbedarf steigt. Versuche möglichst genau den Zusammenhang von Körpergewicht und täglicher Futtermenge zu beschreiben.

4 [@ 👥] a) Findet in Gruppenarbeit heraus, welche Fütterungsempfehlungen es für andere Haustierarten gibt. Stellt den Zusammenhang von Körpergewicht und täglicher Futtermenge in geeigneten Diagrammen dar.
b) [✏] Präsentiert eure Darstellungen.

▷ Kapitel 1, Seite 10–16

Aktiv   Kurs   Thema   Kompakt   Test

Geld

Die Einheiten unseres Geldes sind der **Euro €** und der **Cent ct**.

1 € = 100 ct

8,68 €
8 € 68 ct
868 ct

Gewicht

Die gebräuchlichsten Einheiten für Gewichte sind:

Tonne **t**	1 t = 1000 kg
Kilogramm **kg**	1 kg = 1000 g
Gramm **g**	1 g = 1000 mg
Milligramm **mg**	

Im Alltag wird bei Gewichtsangaben meistens die **Kommaschreibweise** benutzt. Für besondere Gewichtsangaben verwendet man manchmal die **Bruchschreibweise**.

	t			kg			g			mg	
H	Z	E	H	Z	E	H	Z	E	H	Z	E
				3	7	6	2				
					4	2	1	8	5		

3,762 t = 3 t 762 kg = 3762 kg
42,185 kg = 42 kg 185 g = 42185 g

$\frac{1}{2}$ kg = 0,500 kg = 500 g
$\frac{1}{4}$ t = 0,250 t = 250 kg
2 $\frac{1}{4}$ kg = 2 kg 250 g = 2250 g

Rechnen mit Größen

Beim Rechnen mit Größen musst du stets darauf achten, dass die Größen in derselben Maßeinheit sind, ansonsten musst du vorher umwandeln. In vielen Fällen ist eine **Überschlagsrechnung** nötig oder hilfreich.

2,580 kg + 360 g
2580 g + 360 g = 2940 g

oder: 2,580 kg
         +0,360 kg
         ‾‾‾‾‾‾‾‾
          2,940 kg

Komma unter Komma!

Schätzen

Durch Schätzen erhält man einen **Näherungswert** für eine Anzahl oder ein Maß. Dazu benötigt man **Vergleichsgrößen**.

Ein großer Apfel wiegt etwa so viel wie eine 100 g-Tafel Schokolade

Potenzen

Sind in einem Produkt alle Faktoren gleich, so können wir diese Multiplikationsaufgabe auch kürzer als Potenz schreiben.

Grundzahl – 5³ – Hochzahl
       Potenz

3 · 3 · 3 · 3 = 3⁴
            = 81

119

Aktiv   Kurs   Thema   Kompakt   **Test**

[einfach]

1 Wie viel fehlt bis 20 €?
a) 14 €; 18,50 €
b) 9 € 75 ct; 12 € 80 ct
Schreibe deinen Rechenweg auf. Mache die Probe.

2 Hund Felix frisst jeden Tag 1 Dose Hundefutter zu 1,05 €. Wie viel kosten die Dosen in der Woche?

3 Claudia bekommt von ihren drei Schwestern zum Geburtstag je 25 € geschenkt. Sie kauft davon für 70,80 € eine Sportjacke. Wie viel Euro bleiben übrig? Überschlage zuerst.

4 Wandle um.
a) $\frac{1}{2}$ l Milch = ☐ ml Milch
b) 1,5 t Heu = ☐ kg Heu
c) $\frac{3}{4}$ kg Brot = ☐ g Brot

5 Welche der folgenden Gewichtsangaben passen zu einem Ei, einem Füller, einem Eimer Wasser: 3 g; 10 kg; 500 g; 60 g; 10 g

6 a) Nenne alle Quadratzahlen von 1^2 bis 6^2.
b) Zeichne zu drei Quadratzahlen die passenden Quadrate.

[mittel]

1 Wie hoch ist das Rückgeld, wenn mit 50 € gezahlt wird?
a) 47 € 18 ct; 3 € 89 ct
b) 22,90 €; 16,05 €
Schreibe deinen Rechenweg auf. Mache die Probe.

2 Hund Felix frisst jeden Tag 2 Kauröllchen (10 Stück zu 2,90 €), 1 Dose Hundefutter (1,05 €) und 200 g Trockenfutter (1 kg zu 5,85 €). Für wie viel Euro frisst Felix täglich Futter?

3 Peter bekommt in einer Sporthandlung 5 Tennisbälle für 11,25 €.
a) Wie viel kostet ein Ball? Führe zuerst eine Überschlagsrechnung durch.
b) Wie viel muss Peter für 5 Bälle bezahlen, wenn ein Ball um 25 ct teurer wird?

4 Wandle um.
a) $\frac{3}{4}$ l Saft = ☐ ml Saft
b) 3 Pfund Brot = ☐ kg Brot
c) 4,75 kg Mehl = ☐ g Mehl

5 Nenne drei Gegenstände, die jeweils so schwer wie eine Tafel Schokolade (100 g) sind.

6 a) Nenne alle Quadratzahlen von 7^2 bis 12^2.
b) Zeichne zu drei Quadratzahlen die passenden Quadrate.

[schwieriger]

1 Prüfe, ob das Rückgeld stimmt.

	a)	b)
Summe:	37,84 €	56,99 €
gegeben:	41 €	62 €
zurück:	3,16 €	5,10 €

2 Sonderangebot! 1 Dose Hundefutter kostet 1,05 €. Bei Abnahme von 12 Dosen kostet ein Dose nur 0,89 €. Wie kann man möglichst viel beim Einkauf für den Monat (30 Tage) sparen, wenn Felix jeden Tag eine Dose Futter frisst?

3 200 Mehlwürmer für Nadines Zebrafinken kosten 3 €. Was kostet einer?
Wie viel muss Nadine monatlich bezahlen, wenn jeder ihrer 3 Finken 150 Würmer in dieser Zeit frisst? Überschlage zuerst.

4 Schreibe als Dezimalzahl.
a) 3045 g Salz = ☐ kg Salz
b) $\frac{3}{8}$ l Sahne = ☐ l Sahne
c) 9 t 8 kg Korn = ☐ t Korn

5 Schätze die Anzahl der Buchstaben und Ziffern auf dieser Buchseite. Welche Hilfen hast du dabei verwendet?

6 a) Berechne den Wert von 3^3; 13^2; 4^3; 10^4; 5^3; 2^5.
b) Stelle die Zahlen als Potenz dar: 144; 1600; 32; 64

Lösungen zum Test, Seite 190/191

Von Blüten, Blättern und Schneckenhäusern

In eurem Alltag könnt ihr viele Muster und Symmetrien entdecken. Seht euch zum Beispiel ein Blumenbeet, die Blätter und Blüten der Blumen und Bäume, einen Tannenzapfen, Muscheln und anderes Strandgut an.

In diesem Kapitel lernt ihr,

▷ verschiedene Muster und Regelmäßigkeiten aus der Natur kennen.
▷ nach welchen mathematischen Regeln diese Muster aufgebaut sind.
▷ wie ihr mithilfe des Geodreiecks selbst solche Muster erstellen könnt.

6.1 Blätter und Blüten

1 [✂] Sammle Blätter und Blüten und vergleiche sie miteinander. Welche gefallen dir besonders? Welche sind ähnlich, welche völlig verschieden?

2 [✂] a) Zeichne ein Blatt möglichst genau ab.
b) Versuche einen Spiegel so auf deine Zeichnung zu stellen, dass sich wieder genau das Blatt ergibt.
c) Vergleiche deine gezeichneten mit den gespiegelten Blättern. Gibt es Unterschiede? Begründe.

Tipp
Du kannst auch dein Geodreieck als Spiegel benutzen, indem du schräg von oben darauf siehst. Probier es doch einmal aus.

3 [👥 ✂] Legt aus euren gesammelten Blüten und Blättern verschiedene Muster und Figuren.
Wenn ihr sie getrocknet habt, könnt ihr sie auf ein Blatt Papier kleben. Stellt die Bilder in eurem Klassenzimmer aus.

4 [✂] a) Stelle Scherenschnitte von verschiedenen Blattformen her. Schneide besonders geschickt! Wie bist du vorgegangen?
b) Stelle eine Blattform wie im Bild unten gezeigt her.

5 [✂] Blütenformen lassen sich durch Falten und Schneiden leicht herstellen.
a) Sieh dir die Fotos an und beschreibe, wie die Blumen entstanden sind.
b) Stelle selbst solche Blumen her.

6 [✂] Durch Falten und Schneiden lassen sich auch Klappkarten herstellen.
a) Nenne verschiedene Motive, die sich gut eignen. Begründe.
b) Stelle eigene Klappkarten her.

Aktiv **Kurs** Thema Kompakt Test

Achsensymmetrie

Betrachte das Blütenbild der Orchidee. Erkläre, was die rote Linie zu bedeuten hat.

Eine Figur, die aus zwei Hälften besteht, die beim Falten aufeinander passen, heißt **achsensymmetrisch**. Die Faltgerade nennt man **Symmetrieachse**.

Hartriegel

1 Das Blütenbild des Hartriegels hat mehrere Symmetrieachsen. Wie viele findest du?

2 Wie viele Symmetrieachsen haben die Blütenbilder? Probiere mit einem Spiegel oder dem Geodreieck aus.

5 [👥] Sucht in der Gruppe weitere Bilder aus der Natur mit
a) einer Symmetrieachse,
b) zwei Symmetrieachsen,
c) drei und mehr Symmetrieachsen.
d) [✎] Ordnet die Bilder und erstellt ein Plakat für euer Klassenzimmer.

gelber Enzian

Veilchen

Erdbeere

Wirklichkeit und Modell

▷ Sind tränende Herzen achsensymmetrisch? Was meinst du?

Wir arbeiten in der Mathematik häufig mit **Modellen**, sozusagen mit ideal geformten Pflanzenbildern.

Viele Pflanzen sehen achsensymmetrisch aus. Legst du aber einen Spiegel an der vermuteten Symmetrieachse an, kannst du vielfach feststellen, dass die beiden Hälften nicht ganz genau achsensymmetrisch sind.

3 Schneide doch mal Obst in Scheiben. Welche Schnittflächen haben
a) eine Symmetrieachse,
b) zwei Symmetrieachsen,
c) drei und mehr Symmetrieachsen?
d) Sind die Flächen völlig symmetrisch?

Apfel

Kiwi

Blutorange

4 Die Symmetrieachse wird auch Spiegelachse genannt. Warum wohl?

123

6 Nenne achsensymmetrische Gegenstände aus deiner Umgebung.

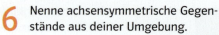

7 Das Spiegelbild der Blumen im See zeigt fünf Fehler. Findest du sie?

8 Welche Bilder gehören zusammen? Warum?

 Ebenensymmetrische Körper

Auch Körper können solche Regelmäßigkeiten aufweisen, z. B. die Zwiebel.

Körper mit einer Symmetrieebene heißen **ebenensymmetrische Körper**.

▷ Welche Frucht- und Gemüsesorten sind ebenensymmetrisch? Begründe.

Tomate

Carambolage

Kiwi

Clementine

▷ Nenne andere ebenensymmetrische Körper aus deiner Umgebung. Beschreibe die Lage der Symmetrieebene.

124

Achsensymmetrische Zeichnungen

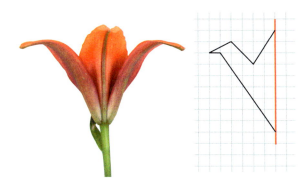

Ergänze die Figur in deinem Heft zu einem achsensymmetrischen Blütenbild einer Tulpe.
Überprüfe deine Zeichnung mithilfe eines Spiegels oder Geodreiecks.

Das Spiegelbild einer Figur im Quadratgitter kannst du leicht zeichnen, indem du zunächst die Eckpunkte durch **Auszählen der Kästchen** bestimmst.
Punkt und gespiegelter Punkt haben von der Spiegelachse denselben Abstand. Sie liegen auf einer Senkrechten zur Spiegelachse.

Beispiel
Zähle den Abstand der Eckpunkte der Figur von der Symmetrieachse und übertrage auf die andere Seite: z. B. drei nach links, also auch drei nach rechts.

Tipp
Mit einem Spiegel kannst du kontrollieren, ob du richtig gezeichnet hast.

1 Ergänze die Figuren in deinem Heft zu achsensymmetrischen Blüten.

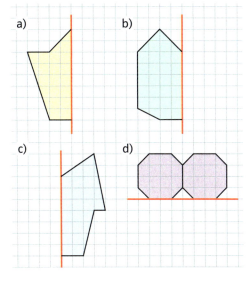

2 [👥] Erfinde eigene achsensymmetrische Figuren im Heft und lasse deinen Tischnachbarn die Symmetrieachsen einzeichnen.

3 a) Lies die Koordinaten der Eckpunkte der Figur ab und zeichne die Figur.
b) Spiegle die Figur an der Geraden g und gib die Koordinaten der Eckpunkte der gespiegelten Figur an.

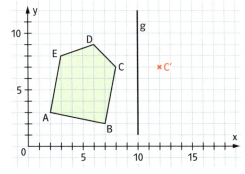

4 Übertrage die Figur mit den Eckpunkten A(5|8), B(7|9), C(7|7), D(9|6), E(7|5), F(7|3) und G(5|4) in ein Koordinatensystem.
Zeichne dann die Symmetrieachse, die durch die Punkte X(5|1) und Y(5|10) läuft und spiegele die Figur.

▷ Kapitel 3, Seite 51; Kapitel 4, Seite 85 – 87

5 [●] So sieht das Gartentor von der Straße betrachtet aus. Zeichne es so, wie es von innen aussieht.

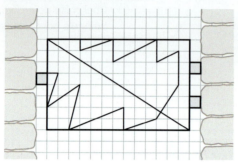

7 [👥] a) Finde Achsenspiegelungen, mit denen du die eine Blume in die andere überführen kannst. Vergleiche deine Lösung mit der deines Nachbarn.
b) Verändere die Position einer Blume. Wo liegen die Spiegelachsen jetzt?

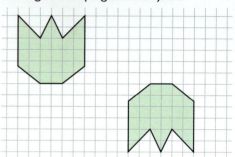

6 Übertrage das Blatt in dein Heft und spiegele es an der Achse g, spiegele dann das neue Blatt an der Achse h. Was stellst du fest?

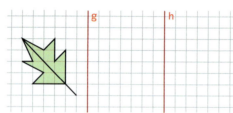

8 [●] Kannst du die linke Blüte durch Achsenspiegelung in die rechte Blüte überführen?

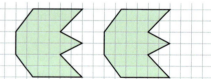

9 [●] Ergänze die Figuren in deinem Heft zu achsensymmetrischen Blättern.

Tulpenbaum
Ahorn
Feige
Kastanie

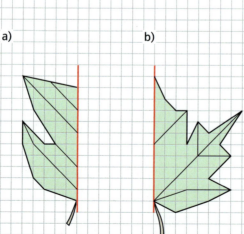

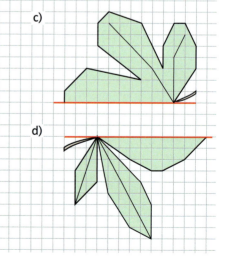

126 ▷ Kapitel 4, Seite 85–87

10 a) Spiegle die Figur an der roten Symmetrieachse.

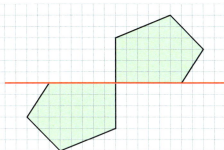

b) Zeichne alle Symmetrieachsen der entstandenen Figur ein.

11 Stelle durch Spiegelung eine Figur mit vier Symmetrieachsen her.

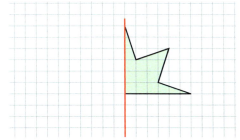

12 [●] Ergänze in deinem Heft zu einer achsensymmetrischen Ranke.

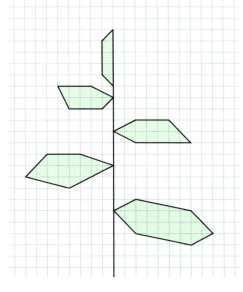

Spiegeln mithilfe des Geodreiecks

Mithilfe des Geodreiecks kannst du leicht jede Figur in jeder beliebigen Lage spiegeln.

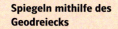
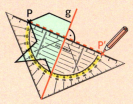

Lege das Geodreieck zunächst mit der Mittellinie auf die Symmetrieachse, miss den Abstand eines Punktes von der Achse und übertrage dann diesen Abstand auf die andere Seite.

▷ Übertrage das Kleeblatt in dein Heft und spiegle mithilfe des Geodreiecks an der Achse g.

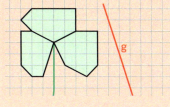

▷ Erfinde eigene Figuren und spiegle sie.

13 a) Übertrage die Figur mit den Eckpunkten A(5|3), B(2|3), C(4|5), D(3|8), E(5|7) und F(8|9) in ein Koordinatensystem. Zeichne dann die Symmetrieachse, die durch die Punkte X(4|1) und Y(7|7) läuft, und spiegele die Figur mithilfe des Geodreiecks.
b) Liegen die Spiegelpunkte auf Gitterpunkten des Koordinatensystems?

14 [👥] Zeichnet eine Figur und eine Symmetrieachse in ein Koordinatensystem und spiegelt die Figur. Formuliert eine Aufgabe zur Zeichnung (wie Aufgabe 13), tauscht eure Aufgaben aus und löst sie gegenseitig.

▷ Kapitel 3, Seite 51; Mathematische Werkstatt, Seite 181

Beispiel
Liegt die Symmetrieachse diagonal, musst du beim Zählen die Richtung wechseln: z. B.: 3 nach links, 3 nach unten.

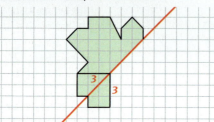

16 [●●] a) Spiegle die Figur an der roten Symmetrieachse.

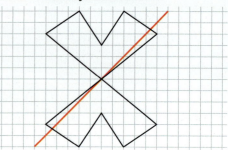

b) Zeichne alle Symmetrieachsen der entstandenen Figur ein.

15 a) Ergänze die Figuren in deinem Heft durch Auszählen der Kästchen zu achsensymmetrischen Blüten.
b) Überprüfe die Spiegelung mithilfe des Geodreiecks.

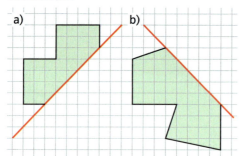

17 [●●] Spiegle so, dass eine Figur mit 4 Symmetrieachsen entsteht. Achte auf die Lage der Symmetrieachse.

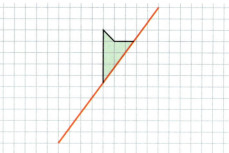

18 [●] Ergänze die Figuren in deinem Heft zu achsensymmetrischen Blättern.

Apfel

Ahorn

Eiche

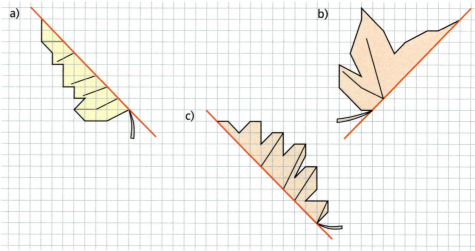

▷ Kasten, Seite 127

Bandornamente

1 [✂] Bilde aus gleichen Blättern und Blüten durch Legen regelmäßige Muster und vergleiche sie miteinander. Welche gefallen dir besonders? Welche sind ähnlich, welche völlig verschieden?

Übrigens
Viele Gegenstände wie Nägel- und Schraubenköpfe, Korken, Kartoffeln, Garnröllchen, Radiergummis usw. können als Stempel benutzt werden.

2 [✂] Du kannst mit Blättern oder anderen Figuren und Gegenständen, die du mit flüssiger Farbe bestreichst, auch drucken. Stelle dein persönliches Briefpapier her, indem du ein DIN-A4-Blatt auf verschiedene Arten bedruckst.

3 [✂] Mit Blättern kannst du mittels Durchreiben gleichmäßige Muster herstellen: Lege ein Blatt mit besonders ausgeprägten Blattadern unter ein Stück Papier und reibe mit dem Bleistift leicht über die Papieroberfläche.

4 [✂] Erzeuge durch das Abrollen einer Walze regelmäßige Muster.

Stelle aus Papprollen eigene Druckwalzen her. Schneide z. B. aus Schaumstoff schöne Figuren aus und klebe diese auf die Rollen. Überlege, wie du die Muster auf der Walze am besten verteilst.

5 [✂] Stelle durch Falten und Schneiden Musterbänder her. Falte dazu einen Papierstreifen so, dass viele gleich große Flächen entstehen.

a) Beschreibe, wie du eine Figur aus dem Streifen schneiden kannst, sodass ein Musterband entsteht.
b) Sieh dir die entstandenen Musterbänder an. Welche Eigenschaften haben sie?

Parallelverschiebung

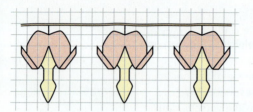

Beschreibe, wie das Bandornament entstanden sein könnte.

> Bei einer **Parallelverschiebung** wird jeder Punkt einer Figur nach derselben Vorschrift verschoben.
> Die **Verschiebungsvorschrift**, z. B. „Verschiebe um 5 Kästchen nach rechts!", kann auch durch einen **Verschiebungspfeil** veranschaulicht werden.

Beispiel
Die Verschiebungsvorschrift „Verschiebe um 5 Kästchen nach rechts!" wird durch den Verschiebungspfeil veranschaulicht.

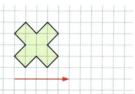
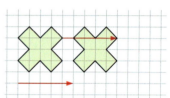

1 Nenne Gegenstände, die mit Bandornamenten verziert sein können.

2 Lassen sich die Muster durch eine Parallelverschiebung erzeugen? Welche Ausgangsfiguren liegen zugrunde?

3 Zeichne ein Bandornament, indem du die Blütenfigur in deinem Heft mehrmals um 7 Kästchen nach rechts verschiebst.

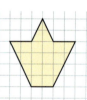

4 Erfinde eine eigene Ausgangsfigur, die du nach einer eigenen Vorschrift im Heft verschiebst.

5 Zeichne die Ausgangsfigur in dein Heft und ergänze den Verschiebungspfeil. Verschiebe entsprechend.

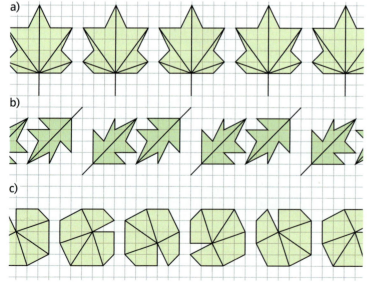
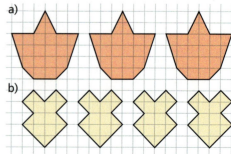

Aktiv **Kurs** Thema Kompakt Test

6 Verschiebe die Figuren in deinem Heft. Beachte die Verschiebungspfeile. Formuliere und notiere die Verschiebungsvorschrift.

a) b)
c) d)

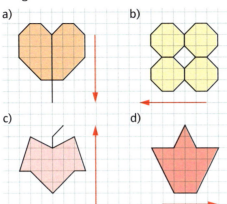

Beispiel
Nicht immer liegen die Verschiebungspfeile auf den Gitterlinien:

z. B.
5 nach rechts und
3 nach unten.

8 Übertrage die Figuren in dein Heft. Verschiebe sie mehrmals so, wie es die Verschiebungspfeile jeweils angeben.

a) b)
c)

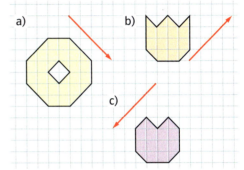

7 [●] Zeichne die Efeuranken in dein Heft. Entwirf auch eigene Motive.

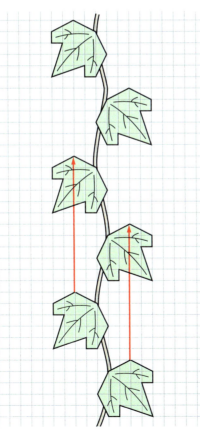

9 [●] Übertrage die Figur mit den Eckpunkten A(6|7), B(7|7), C(9|5), D(9|8), E(10|9), F(8|10) und G(6|8) in ein Koordinatensystem.
Die Figur soll um 5 Kästchen nach links und 4 Kästchen nach unten verschoben werden.
a) Berechne die Koordinaten der verschobenen Punkte (ohne zu zeichnen!).
b) Verschiebe die Figur und überprüfe die Koordinaten.

10 [●●] Zeichne die abgebildete Figur in dein Heft und verschiebe sie entsprechend der Verschiebungspfeile.

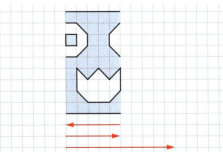

131

6.3   Aktiv   Kurs   Thema   Kompakt   Test

Hier dreht sich alles

1 Die Grußkarte zeigt zwei Rosen. Wie könnte das Motiv entstanden sein?

2 [✂] Gestalte eigene Grußkarten: Sammle jeweils zwei gleiche Abbildungen, z. B. aus Werbeanzeigen, und klebe diese auf ähnliche Art zusammen.

Übrigens
Auch am Computer kannst du mit einem Zeichenprogramm ähnliche Muster erstellen.

3 [✂] So geht's auch:
Du kannst auch eine Schablone herstellen. Nimm dazu ein Stück Pappe von 10,4 cm Breite und 7,4 cm Höhe. Zeichne dein Lieblingsmotiv darauf und schneide es vorsichtig mit einem Cuttermesser heraus. Zeichne mithilfe der Schablone euer Motiv auf eine Postkarte.

4 [✂] **Windmühle herstellen**
a) Falte aus einem DIN-A4-Tonpapierbogen ein Dreieck und schneide den überstehenden Streifen ab. Du erhältst ein Quadrat.

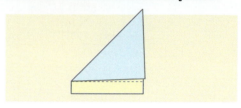

b) Zeichne mit Lineal und Bleistift Verbindungslinien (Diagonalen) zwischen den gegenüberliegenden Ecken. Dort, wo sich die Diagonalen schneiden, ist der Mittelpunkt.

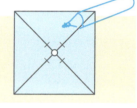

c) Schneide die Diagonalen bis etwa 2 cm vor dem Mittelpunkt ein und befestige die Ecken mit einem Draht (etwa 20 cm Länge) im Mittelpunkt.

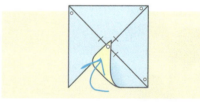

d) Zwei Perlen (eine vor, eine hinter dem Mühlenrad) stellen sicher, dass sich die Windmühle dreht.

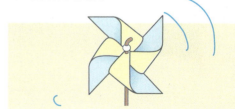

Punktsymmetrie

Sieh dir das Blütenornament genau an.
Wie könnte es entstanden sein?

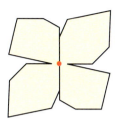

Eine Figur, die durch eine halbe Drehung in sich selbst überführt werden kann, nennt man **punktsymmetrisch**.

Der Punkt Z, um den die Figur gedreht wird, heißt **Symmetriepunkt**.

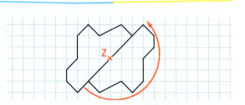

1 Welche Blütenbilder sind punktsymmetrisch? Woran erkennst du das?

Amaryllis

Wachsblume

Gelber Enzian

Aster

Punktsymmetrische Figuren zeichnen

Mithilfe des Geodreiecks kannst du leicht jede punktsymmetrische Figur zeichnen.

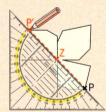

Lege das Geodreieck zunächst so an, dass du den Abstand vom Symmetriepunkt Z zu einem der Eckpunkte P der Figur messen kannst. Übertrage jetzt den Abstand auf die andere Seite und zeichne den Punkt P'. Gehe so bei allen Punkten der Figur vor. Verbinde zum Schluss die Punkte in der richtigen Reihenfolge.

▷ Übertrage die Figuren in dein Heft und ergänze zu punktsymmetrischen Blüten.

2 Nenne punktsymmetrische Gegenstände aus deiner Umgebung.

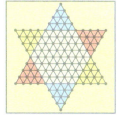

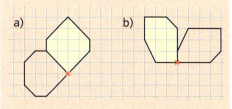
a)   b)

▷ Mathematische Werkstatt, Seite 181

133

3 Zeichne die Figur ABCDE mit den Punkten A(5|3), B(5|4), C(4|4), D(3|5), E(1|3) und den Punkt Z(3|3) ins Heft. Führe eine Punktspiegelung um den Punkt Z durch und gib die Koordinaten der entstandenen Punkte an.

4 Welche Blüten und Blätter sind
a) achsensymmetrisch?
b) punktsymmetrisch?
c) achsen- und punktsymmetrisch?
Welchen Zusammenhang erkennst du?

Immergrün

Buschwindröschen

Kleeblatt

Keimblatt der Buche

Efeu

6 [●] Tristan hat versucht, die linke Figur mit einer halben Drehung um den Punkt Z zu drehen. Dabei hat er Fehler gemacht. Erkläre, was falsch ist und zeichne die Figur richtig ins Heft.

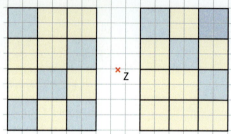

7 [●] **Figuren färben**
Durch unterschiedliche Färbungen kannst du aus einer Figur einmal eine achsensymmetrische und einmal eine punktsymmetrische Figur erzeugen. Übertrage die Figur mehrmals in dein Heft. Experimentiere mit einer, zwei, … Farben. Färbe die Karos so ein, dass eine Figur entsteht, die
a) achsen-, aber nicht punktsymmetrisch
b) punkt-, aber nicht achsensymmetrisch
c) achsen- und punktsymmetrisch
d) weder achsen- noch punktsymmetrisch ist.
Wie viele Farben benötigst du mindestens?

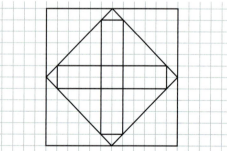

5 [●] a) Übertrage die Figur in dein Heft und ergänze so wenig wie möglich, sodass eine punktsymmetrische Figur entsteht.

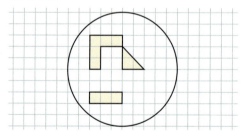

b) Übertrage die Figur ein zweites Mal in dein Heft und ergänze so wenig wie möglich, sodass eine punkt- und achsensymmetrische Figur entsteht.

e) [👥] Entwerft eigene Figuren auf Karopapier, die ihr gegenseitig färbt.
f) [👥✂] Schneidet eure Figuren aus und sortiert sie nach ihrer Symmetrie. Kontrolliert, ob alle Zeichnungen richtig sind, und erstellt dann Plakate dazu.

Aktiv   Kurs   Thema   Kompakt   Test   **6.4**

Schneckenhäuser, Tannenzapfen und andere Spiralen

1 [@] In der Natur gibt es noch eine andere Art von Muster. Wir finden sie bei Schneckenhäusern, Tannenzapfen oder im Blütenbild der Sonnenblume.
Suche weitere Pflanzen oder Gegenstände, die ähnlich aufgebaut sind. Schaue dir z. B. eine Ananas an. Beschreibe den Aufbau deiner Sammelobjekte.

2 Aus einem DIN-A4-Papier kannst du durch wiederholtes zeichnerisches Teilen ein ähnliches Muster wie bei einem Schneckenhaus erzeugen. Sieh dir die Abbildungen genau an und verfahre ebenso. Zeichne dann das Schneckenmuster ein.

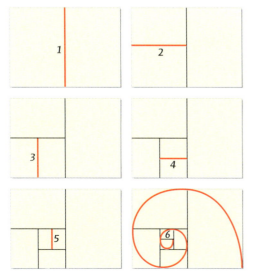

3 [✂] Schneidet die Teile eines wie in Aufgabe 2 geteilten Blattes aus. Klebe sie zu einer Papierschnecke zusammen.

Klebe deine Papierschnecken auf ein großes Blatt Papier und zeichne Spiralen hinein, indem du die Ecken miteinander verbindest. Findest du mehrere Möglichkeiten?

4 [●✂] Sieh dir die Papierschnecke an. Wie ist sie entstanden? Stelle selbst eine solche Schnecke her.

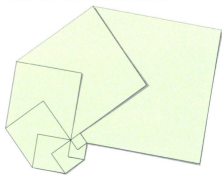

135

Zeichnen von Spiralen

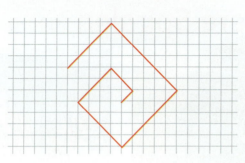

Was verbindet die Spirale im Gitter, die Nautilusmuschel und die Zahlenfolge 1; 2; 3; 4; 5; 6; 7; 8; … ?

Übrigens
Auch andere Gitterformen können dir als Zeichenhilfe dienen.

Im Gitter gezeichnete **Spiralen** können mithilfe von **Zahlenfolgen** beschrieben werden. Dabei entsprechen die Zahlen den Anzahlen der Kästchenlinien oder der Kästchendiagonalen.

1 a) Welche Zahlenfolge liegt der Spirale zugrunde?

b) Übertrage die Spirale in dein Heft.
c) [●] Zeichne mithilfe derselben Zahlenfolge eine Spirale diagonal ins Quadratgitter.

2 Im Karogitter kannst du auch *echte* Schneckenhäuser zeichnen.

a) Beschreibe, wie die Schneckenhäuser entstanden sind.
b) Versuche selbst solche Schneckenhäuser zu zeichnen.

3 [●] a) Versuche einmal die Zahlenfolge 2; 1; 3; 2; 4; 3; 5; 4; 6; … auf ein Gitter zu zeichnen. Wie setzt sich die Spirale und die Zahlenfolge fort?
b) Erfinde weitere Zahlenfolgen, mit denen du Spiralen zeichnen kannst.

4 Experimentiere, indem du abwechselnd auf Gitterlinien und Diagonalen zeichnest.

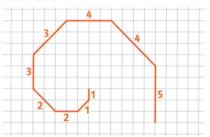

5 [●] Auch mit dem Geodreieck kannst du Spiralen zeichnen. Setze die Spirale in deinem Heft fort.

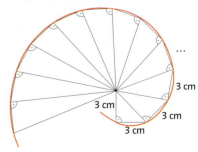

Tipp
Zum Zeichnen von rechten Winkeln kannst du das Geodreieck benutzen.

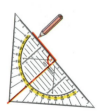

136

Meerestiere

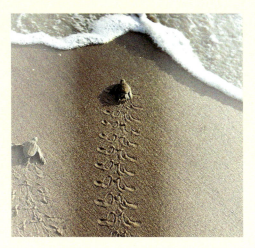

Annette und Bertram interessieren sich für Meerestiere. Erstaunt stellen sie fest, dass es viele Symmetrien und Muster zu entdecken gibt.

1 [👥 @] Habt ihr eigene Fotos oder Fundstücke? Bringt eure Fundstücke mit und lasst sie von euren Mitschülern auf Symmetrien untersuchen.

2 [👥] Welche Symmetrien bzw. Muster könnt ihr in den Fotos auf dieser Seite entdecken? Erklärt euch eure Entscheidungen gegenseitig.

3 Nennt Beispiele rund ums Meer für
a) Achsensymmetrie,
b) Parallelverschiebung,
c) Punktsymmetrie,
d) Spiralen.

4 Zeichne zu jeder Art von Symmetrie mindestens ein Beispiel.

Muscheln und Schnecken

Muscheln und Schnecken gehören zu dem Stamm der Weichtiere. Während Muscheln nur in Meeres- oder Süßgewässern existieren, gibt es auch Schneckenarten, die auf dem Land leben.
Heute sind ca. 20 000 Muschelarten bekannt. Ihre Körper werden symmetrisch von zweiseitigen Kalkschalen umschlossen, den Muschelgehäusen.
Schneckenarten gibt es ca. 110 000. Einige dieser Arten besitzen mehrschichtige Kalkschalen, die spiralförmig eingerollt sein können.
Im Gegensatz zu den Muscheln können sich Schnecken mithilfe einer Kriechsohle fortbewegen.

Übrigens

Weißt du, wie die Meerestiere heißen?

4 a) Seeteufel
b) Weißrochen
c) Flusskrebs

5 Schmetterlingsfisch

6 a) Steinseeigel
b) Qualle

7 Wellhornschnecke

8 Kammmuschel

5 Ergänze in deinem Heft zu achsensymmetrischen Meerestieren.
a)   b)

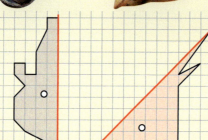

c)

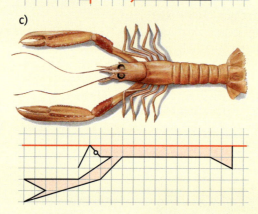

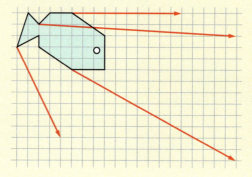

6 Zeichne einen Fischschwarm, indem du den Fisch in deinem Heft den Pfeilen entsprechend verschiebst.

7 Ergänze in deinem Heft zu punktsymmetrischen Figuren.
a)   b)

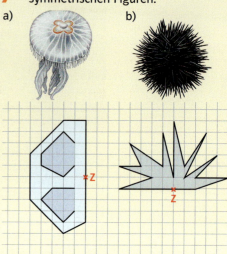

8 Vervollständige die beiden Schneckenzeichnungen in deinem Heft. Erkläre, wie sie entstanden sind.

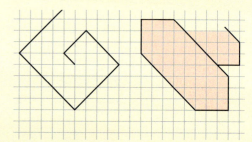

9 [●] Erfinde eigene ähnliche Zeichnungen zu Meerestieren im Quadratgitter. Erkläre, wie du vorgegangen bist.

Aktiv　Kurs　Thema　**Kompakt**　Test

Achsensymmetrie

Eine Figur heißt **achsensymmetrisch**, wenn sie aus zwei Hälften besteht, die beim Falten aufeinander passen. Die Faltgerade nennt man **Symmetrieachse**.

Achsensymmetrische Figuren kannst du selbst zeichnen. Dabei gilt: Punkt und gespiegelter Punkt haben denselben Abstand zur Symmetrieachse. Sie liegen auf einer Senkrechten zur Symmetrieachse.

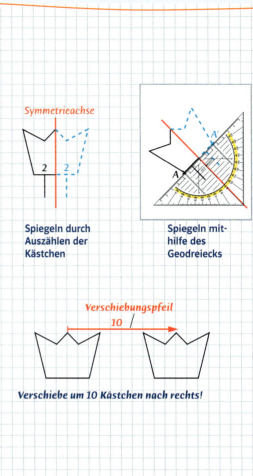

Spiegeln durch Auszählen der Kästchen

Spiegeln mithilfe des Geodreiecks

Parallelverschiebung

Bei der **Parallelverschiebung** werden alle Punkte einer Figur nach derselben Vorschrift verschoben.
Die **Verschiebungsvorschrift** kann durch einen **Verschiebungspfeil** veranschaulicht werden.
Durch **wiederholtes Verschieben** einer Ausgangsfigur kann man Musterbänder herstellen, die man auch **Bandornamente** nennt.

Punktsymmetrie

Eine Figur nennt man **punktsymmetrisch**, wenn sie durch eine halbe **Drehung** in sich selbst überführt werden kann. Der Punkt, um den die Figur gedreht wird, heißt **Symmetriepunkt**. Punkt und gedrehter Punkt liegen auf einer Geraden, die durch den Symmetriepunkt verläuft.

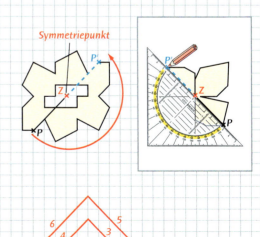

Spiralen

Mithilfe von Zahlenfolgen lassen sich **Spiralen** zeichnen. Der Zeichnung rechts liegt z. B. die Zahlenfolge 1; 1; 2; 2; 3; 3; … zugrunde.
Die verschiedenen Gitterformen, wie zum Beispiel das Quadratgitter, dienen als Zeichenhilfe.

139

[einfach]	[mittel]	[schwieriger]
1 Ergänze im Heft zu einer achsensymmetrischen Figur.	**1** Ergänze im Heft zu einer achsensymmetrischen Figur.	**1** Ergänze im Heft zu einer achsensymmetrischen Figur.

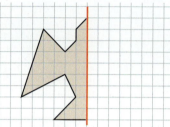 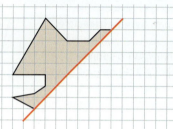 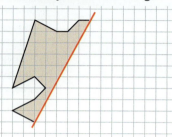

2 Verschiebe die Figur, wie es der Verschiebungspfeil angibt. Nenne die Verschiebungsvorschrift.	**2** Verschiebe die Figur. Beschreibe, wie du verschoben hast.	**2** Verschiebe die Figur. Beschreibe, wie du verschoben hast.

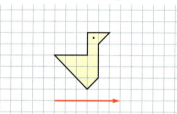 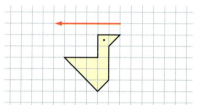 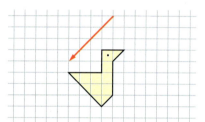

3 Drehe die Figur um den Symmetriepunkt Z, sodass eine punktsymmetrische Zeichnung entsteht.	**3** Drehe die Figur um den Symmetriepunkt Z, sodass eine punktsymmetrische Zeichnung entsteht.	**3** Zeichne eine ähnliche Figur auf Blankopapier. Drehe dann die Figur um den Symmetriepunkt Z, sodass eine punktsymmetrische Zeichnung entsteht.

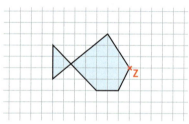 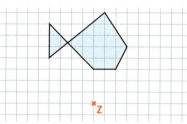

4 Übertrage die Spirale und zeichne weitere drei Windungen. Wie bist du vorgegangen?	**4** Übertrage die Spirale und zeichne weitere drei Windungen. Wie bist du vorgegangen?	**4** Übertrage die Spirale und zeichne weitere drei Windungen. Wie bist du vorgegangen?

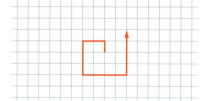 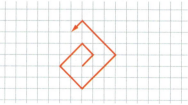

Mathematische Reisen

Wir entdecken unsere Zahlen

Seit Menschen zählen können, sind sie bemüht, sich durch „Rechenhilfen" wie Finger, Tabellen im Sand, Rechenpfennige, Rechenstäbe und Rechenmaschinen die Arbeit zu erleichtern und ihr Gedächtnis zu unterstützen.

früher   *heute*

Je weniger die Menschen über ihre Zahlen und das Rechnen mit ihnen wussten, um so mehr waren sie von der „Magie der Zahlen" – mit oft verblüffenden Ergebnissen – fasziniert. Vom Altertum bis heute (z. B. in Zeitschriften) wird noch immer mit Zahlenrätseln Verwunderung erzielt.

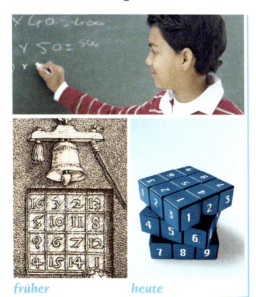

früher   *heute*

Hellsehen

Ihr seid Hellseher und könnt auf den Zentimeter genau erraten, wie groß jemand ist und welche Schuhgröße er hat. Ihr braucht dazu nur einen Taschenrechner. Den gebt ihr jemandem in die Hand und bittet ihn, alles einzutippen, so wie es auf dem Notizzettel steht. Die Endsumme lasst ihr euch nennen. Davon zieht ihr 250 ab. Von dieser mehrstelligen Zahl sind die ersten drei Stellen die Größe in cm, die letzten beiden verraten die Schuhgröße. Dass es stimmt, könnt ihr hier prüfen.

Körpergröße	**182**
mal 2	· 2
plus 5	+ 5
mal 50	· 50
plus Schuhgröße 45	**+ 45**
Du selbst tippst	
minus 250 ein	− 250
	182 45

In diesem Kapitel lernt ihr,

▷ wie in alten Kulturen gezählt und gerechnet wurde.
▷ wo unsere Zahlen herkommen.
▷ wie unser Zahlensystem und Zahlensysteme anderer Kulturen aufgebaut sind.
▷ wie man römische Zahlen schreibt und mit ihnen rechnet.
▷ wie Zahlenfolgen entstehen.
▷ wie man Muster und Regelmäßigkeiten zwischen Zahlen und Ziffern erkennt.

Mathematische Reisen

Am Anfang war die Kerbe

Wann immer Menschen Zahlen aufschreiben wollten, waren sie auf Hilfsmittel angewiesen. Schon seit dem Altertum wurden in vielen Kulturen Kerbhölzer verwendet, um darauf Arbeitsstunden, Schulden, Anzahl des Viehs, gelieferte Waren usw. durch Kerben zu notieren.

1 [@] Nenne Situationen, in denen heute noch Gezähltes mit Kerben oder Strichen notiert wird.

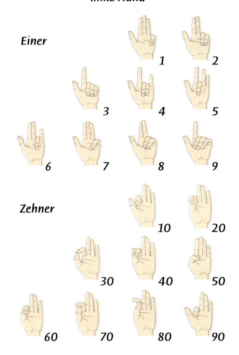

Welche Zahlen zeigen die römischen Spielsteine?

Eines der gebräuchlichsten Hilfsmittel zum Zählen waren – und sind – die menschlichen Finger. Aber mit 5 Fingern wären wir schnell am Ende. Deshalb hatte man schon früher in den verschiedensten Kulturen **Regeln für Fingerzahlen** gebildet.

Für die **linke Hand** siehst du Fingerzahlen abgebildet, die bereits Grundschüler im alten Rom lernen mussten. Dabei wurden die Zahlen 1 bis 9 mit Mittelfinger, Ringfinger und kleinem Finger und die 10er-Zahlen mit Daumen und Zeigefinger gezeigt. Alle anderen Zahlen bis 99 ergaben sich aus Kombinationen.

Für die **rechte Hand** galt:
– Hunderter wie die Einer der linken Hand
– Tausender wie die Zehner der linken Hand

2 [👥] a) Zeigt euch gegenseitig mit der linken Hand die Zahlen 7; 9; 12; 26 und 43.
b) Zeigt mit der rechten Hand 400; 600; 3000 und 8000.
c) Zeigt euch mit beiden Händen 103; 222 und 3009.
d) Bildet selbst weitere Zahlen mit den Fingern und fragt sie euch gegenseitig ab.

ℹ Indien 800 n. Ch.

Arabien 1100 n. Ch.

Deutschland 1500 n. Ch.

Die Entwicklung unserer Ziffern

Unsere heutigen Ziffern verdanken wir den Indern. Deren Zahlen wurden von arabischen Kaufleuten übernommen und über Spanien nach Europa gebracht, daher die Bezeichnung **arabische Ziffern**.

---

142 ▷ Mathematische Werkstatt, Seite 158 – 160

Mathematische Reisen

In verschiedenen Kulturen der Erde entwickelten sich unterschiedliche Zahlen- und Rechensysteme unabhängig voneinander.

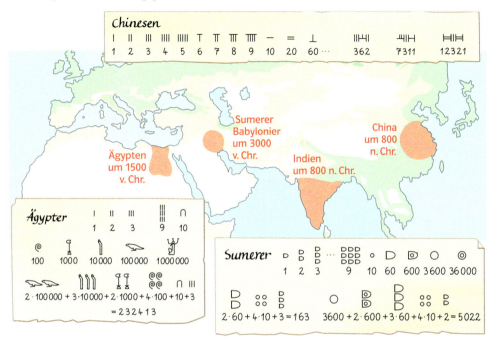

Tipp
Bei den Chinesen wechseln die Striche beim Übergang von den Einern zu den Zehnern, Hundertern, … jeweils aus der senkrechten in die waagerechte Lage und umgekehrt.

3 a) Versuche jeweils dein Alter, dein Geburtsdatum, die Anzahl der Kinder in deiner Klasse und deine Hausnummer mit den Zahlen der Ägypter, Sumerer und Chinesen zu schreiben.
b) [●] Vergleiche die Zahlensysteme miteinander. Wie viele verschiedene Zahlenzeichen gab es jeweils? Wie viele Zahlenzeichen durften höchstens zu einer neuen Zahl gebündelt werden?

4 Schreibe mit unseren Zahlen.
a) ⊙ ⊙ ⊙ ∩ ∩ ||
b) 𓏺 ⊙ ⊙ ∩∩∩ ∩∩ |||
c) ◗ ◗ ◗ ∷ ◗◗◗/◗◗
d) ○ ◗ ◗ ◗ ∷ ◗
e) ≡|||≡|||

5 [●] Ägypter und Chinesen hatten schon dieselben Stufenzahlen wie wir heute.

China ⊢|⊣| Ägypten ⊙ ∩ ∩ ||

Wie viel bedeuten jeweils die *Zweien* an der ersten, zweiten oder dritten Stelle der Zahlen (immer von rechts aus)?

6 [●] Bei den Sumerern war der Aufbau des Zahlensystems schon etwas schwerer.
Um das Wievielfache steigt jeweils der Zahlenwert in der Zahlenreihe an? Versuche, die Regelmäßigkeit zu erkennen? Wie lautet die nächste Ziffer?

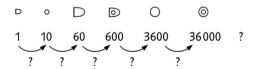

143

Mathematische Reisen

Mit den Babyloniern fing es an

Schon vor 4000 Jahren hatten die Babylonier in ihrem Reich ein Zahlensystem aus „Keilen" für 1 und einem „Winkel" für 10 entwickelt, die sie mit Griffeln in Tontafeln hineindrückten.

1 Schreibe in unseren Zahlen.

a)   b)

c)   d)

Ein kleiner Kurs in Keilschrift

2 a) Schreibe folgende Zahlen in Keilschrift.
16; 27; 39; 44; 53
b) [👥] Schreibt euch gegenseitig Zahlen in Keilschrift auf und übersetzt sie.

3 Zahlen ab 60 wurden dann in einer Stellentafel zur Grundzahl 60 zusammengesetzt, wie es heute noch in unserer Zeiteinteilung erhalten ist.

4 Eine Stoppuhr zeigt folgende Zeiten an (h:min:s):
a) 1:08:06
b) 2:22:22
c) 3:41:38
d) 10:01:02

Beispiel

in Keilschrift	1·60·60 bis 59·60·60	1·60 bis 59·60	1 bis 59	in unseren Zahlen
𒁹 𒌋𒌋	–	1·60 +	4	= 64
𒌋𒌋𒌋 𒌋𒌋 𒌋𒌋𒌋	–	12·60 +	23	= 743
𒁹𒁹 𒌋𒌋𒌋	2·60·60 +	6·60 +	10	= 7570

Trage die Zahlen in eine 60er-Stellentafel wie im Beispiel ein und gib sie in unseren Zahlen an.

a)    b)

c)

d)

Lege dir eine solche Stellentafel an. Trage die Zeiten wie im Beispiel ein und gib sie in Sekunden an.

Zeit	1h = 60·60s	1min = 60s	s	in Sekunden
12:36:14	12·60·60s	36·60s	14s	45 374 s
…	…	…	…	…

5 [●] Vergleiche die Stellentafeln für die Keilschrift (Aufgabe 3) und die Zeitangaben (Aufgabe 4) miteinander. Was stellst du fest?

6 Gib in der Schreibweise h:min:s an.
a) 4138 s   b) 3601 s
c) 2745 s   d) 899 s

Die Keilschrift hatte auch ihre Tücken. So waren z. B. die Zeichen für Zahlen 14 (= 10 + 4) und 604 (= 10 · 60 + 4) gleich. Dieses Missverständnis versuchte man durch unterschiedliche Abstände zwischen den Zeichen zu beheben.

Beispiel

   kleiner Abstand = 10 + 4
= 14

   großer Abstand = 10 · 60 + 4
= 604

Erst relativ spät wurde ein Zeichen für die Null eingeführt.

Beispiel

 = 1 · 60 · 60 + 0 · 60 + 4
= 3600 + 4
= 3604

7 Gib in unseren Zahlen an.

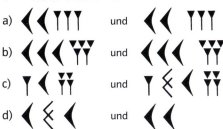

8 Welche Aufgaben mussten hier die Schüler im alten Babylon lernen?

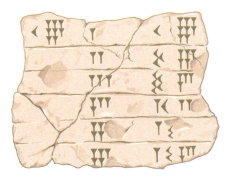

Zur Geschichte der Null

Wir nehmen die Null heute als selbstverständlich an, aber das war nicht immer so. Schon in der babylonischen Keilschrift gab es dadurch Probleme, dass es für die Null kein Zeichen gab.
Man ließ einfach eine Leerstelle, was oft zu Missverständnissen führte, z. B.

 oder

2 · 60 + 12 = 132   1 · 60 · 60 + 1 · 60 + 12 = 3672

Ab ca. 300 v. Chr., also vor 2300 Jahren, wurde das Zeichen   oder
für das Fehlen von Einheiten in einer Zahl angegeben, z. B.:

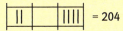 = 1 · 60 · 60 + 0 · 60 + 14
= 3600 + 0 + 14 = 3614

So entstand die **babylonische Null**, die älteste in der Geschichte.

In China, wo man bis ins 8. Jh. n. Chr. Zahlen in Kästchen schrieb, ließ man einfach ein Kästchen leer, wenn eine Stelle nicht belegt war, z. B.:

| ‖ | | ‖‖‖‖ | = 204

Erst als man ab dem 9. Jh. ohne Kästchen schrieb, entstand unter dem Einfluss der Inder eine *echte* Null, z. B.

─‖‖‖O‖‖‖‖ = 1409

Die Inder benutzten bis ins 5. Jh. n. Chr. mündlich schon die Null (sunya = leer), z. B. eka sunya tri (= eins leer drei = 103).

Erst **ab dem 6. Jh.** verwendeten sie auch beim Zahlenschreiben einen Punkt oder kleinen **Kreis** für eine leere Einheit – die **moderne Null** war erfunden.

o ◎

In Europa tauchte erst im Jahr 1484 in einem italienischen Rechenbuch das Wort *Null* (nulla figura = kein Zahlenzeichen) auf.

Mathematische Reisen

Wo es heute noch römische Zahlen gibt

Bis vor 500 Jahren waren in Deutschland und Mitteleuropa römische Zahlzeichen die übliche Schreibweise.
Wo findest du heute noch römische Zahlen?

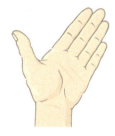

Es bedeuten dabei:
M = 1000, wie (lat.) mille
D = 500, die „Hälfte" von M
C = 100, wie (lat.) centum
L = 50, die „Hälfte" von C

X = 10, das „Doppelte" von V
V = 5, als Symbol einer Hand
    (mit abgespreiztem Daumen)
I = 1, als Symbol des Fingers

Regeln für die römische Zahlschreibweise:

Steht ein Zahlzeichen **rechts** neben einem gleichen oder höheren, so wird sein Wert addiert, z. B.: CXVII = C + X + V + I + I = 100 + 10 + 5 + 1 + 1 = 117

Steht ein Zahlzeichen **links** neben einem höheren, so wird sein Wert subtrahiert, z. B.: XCVI = C − X + V + I = 100 − 10 + 5 + 1 = 96

1
a) Schreibe dein Geburtsdatum mit römischen Zahlzeichen.
b) Schreibe das heutige Datum mit römischen Zahlreichen.
c) Schreibe dein Alter (Jahre und Monate) mit römischen Zahlzeichen.
d) Schreibe das Datum deines Schuleintritts mit römischen Zahlen.
e) [👥] Schreibt euch gegenseitig römische Zahlen auf.

2 Schreibe mit römischen Zahlzeichen.
a) die Zahlen von 120 bis 129
b) die Zahlen von 1449 bis 1455
c) die Zahlen von 1990 bis 2000

3 Schreibe mit unseren Zahlen.
a) XVII   b) XIX   c) XXVI
d) XCI   e) CXLIX   f) MDCCLVII

146

Mathematische Reisen

* MDCCLXVII – Apr. XXX
† MDCCCLV – Feb. XXIII

4 Die Münze zeigt das Bild des bedeutenden Mathematikers *C. F. Gauss*. Wann wurde er geboren, wann starb er?

5 Die Zeichen I; X; C werden heute üblicherweise nur dreimal hintereinander verwendet. Das war nicht immer so. Die Zahl 4 hat auf den Uhren zwei verschiedene Darstellungen. Schreibe in der heute üblichen Form.

a) VIIII b) XXXX c) CXXXX
d) CCCC e) MCCCCXI f) DXXXXIIII

6 [●] a) Schreibe die Jahreszahlen im Zehnersystem: MCMLXIX; MDCCXLI; MCCXXXIX; MCDXIV.
Vergleiche jeweils die Anzahl der benötigten Ziffern. Welche Zahlen sind kürzer?
b) Trage jeweils die römischen und die arabischen Zahlen stellengerecht in eine solche Stellentafel ein. Vergleiche.

Tausender	Hunderter	Zehner	Einer

7 [●] a) Versuche die beiden römischen Zahlen zu addieren:

MCDXIX
+ MCCVII

b) Schreibe die beiden römischen Zahlen im Zehnersystem und addiere sie dann schriftlich.
c) Vergleiche und beschreibe die Unterschiede.

8 **Streichholzscherze**
a) Wenn du ein einziges Streichholz umlegst, wird die falsche Rechnung richtig!

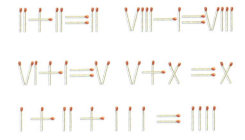

b) Die Rechnung bleibt richtig, auch wenn du ein Streichholz umlegst.

Das Delta-Spiel (ludus deltae)

Das Spiel verdankt seinen Namen der Spielfläche, die wie der griechische Buchstabe Delta aussieht. Es handelt sich dabei um ein gleichschenkliges, spitzwinkliges Dreieck, das durch waagerechte Linien mit gleichen Abständen in zehn Felder unterteilt ist, die mit Punktzahlen von I bis X versehen sind. Die Spieler werfen aus einem Abstand von 2 bis 3 m reihum jeder fünf Nüsse oder farbige Klötzchen in das Feld. Sieger ist, wer die meisten Punkte erzielt.

▷ Mathematische Werkstatt, Seite 164–167

147

Mathematische Reisen

Vom Linienbrett zum schriftlichen Rechnen

Vor ca. 500 Jahren kannte man zwar schon unsere heutigen arabischen Ziffern, aber mit ihnen wurde noch nicht so gerechnet, wie wir es heute kennen. Bis dahin war unter Kaufleuten und Händlern das **Linienbrett** weit verbreitet. Der Rechenmeister *Adam Ries* (1492–1559) lehrte das Rechnen auf den Linien, aber er schuf auch den Übergang zu unserem heutigen Verfahren.

Das Linienbrett

Die Zahlen wurden auf einen Tisch mit Linien aus Rechenpfennigen gelegt. Auf die unterste Linie kamen die Einer, darüber die Zehner, Hunderter usw. Die Tausenderlinie erhielt ein Kreuz. Ein Rechenpfennig im Zwischenraum hatte denselben Wert wie 5 Rechenpfennige der darunter liegenden Linie.

Adam Ries wurde 1492, im Jahr der Amerikafahrt des *Christoph Kolumbus*, in Staffelstein in der Nähe von Bamberg geboren. Mit 30 Jahren war er Rechenmeister in Erfurt, später in der sächsischen Stadt Annaberg. Er schrieb einige Rechenbücher, die weit verbreitet waren und immer wieder nachgeahmt wurden.

1 Wie heißt die Zahl in der linken Spalte auf dem Linienbrett?

2 Welche Zahlen wurden hier gelegt?

3 Zeichne dir im Heft ein großes Linienbrett mit drei Spalten und lege folgende Zahlen:
a) 111 b) 99 c) 470
d) 2013 e) 5789 f) 10 905

4 Addiere folgende Zahlen auf deinem Linienbrett. Lege die Summe in die dritte Spalte und lies das Ergebnis dann ab.
a)

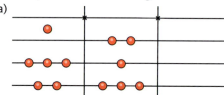

b) [•] Welches Problem taucht hier beim Ergebnis auf? Mit welchem Legetrick kann man das lösen?

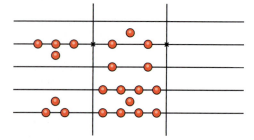

c) Lege dir selbst Zahlen und addiere sie.

5 [•] Welche Vorteile und welche Nachteile hat die Fünferbündelung in den Zwischenräumen beim Addieren?

148 ▷ Mathematische Werkstatt, Seite 164–167

Mathematische Reisen

6 [●] Wollte man auf dem Linienbrett zwei Zahlen subtrahieren, war meist ein Zwischenschritt nötig. Beschreibe.

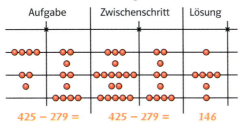

Die Lösung wird sichtbar, wenn man in der linken Spalte genauso viele Steine wegnimmt, wie in der rechten Spalte liegen.

7 [●] Subtrahiere ebenso wie in Aufgabe 6.
a) 2899 – 1354   b) 3712 – 958
Überprüfe die Ergebnisse mit dem schriftlichen Rechenverfahren so, wie du es gelernt hast. Gibt es Zwischenschritte?

8 [●] a) Rechne die Aufgabe 734 – 407 auf dem Linienbrett – jetzt aber ohne Fünfersteine in den Zwischenräumen.
b) Wie viele Rechensteine musst du im Zwischenschritt umwandeln?
c) Überprüfe auch hier das Ergebnis mit dem schriftlichen Rechenverfahren und vergleiche mit dem Linienbrett.

9 [●●] Ein Gulden (linke Spalte) hatte 21 Groschen, ein Groschen (mittlere Spalte) hatte 12 Pfennig (rechte Spalte). Wie viele Gulden, Groschen und Pfennige hatte der Kaufmann insgesamt?

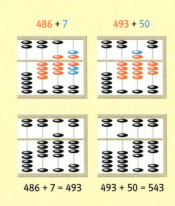

 Der Abakus

Für uns ist das Rechnen mit dem Taschenrechner alltäglich. Aber noch heute rechnet knapp die Hälfte der Menschheit, vor allem in China, Russland und Indien, mithilfe einfacher Rechenmaschinen.

Der **Abakus** ist ein Rechenbrett, das ähnlich funktioniert wie das Linienbrett von *Adam Ries*. Mit dem Abakus können alle vier Grundrechenarten ausgeführt werden – Multiplikation und Division erfordern allerdings große Übung.

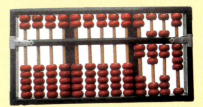

Die Perlen in der rechten Spalte sind die Einer, in der zweiten Spalte von rechts die Zehner, in der dritten Spalte von rechts die Hunderter usw. Eine Perle im oberen Teil hat den fünffachen Wert einer Perle im unteren Teil derselben Spalte.

▷ Welche Zahl ist auf dem Abakus im Bild oben eingestellt?

▷ So wird beispielsweise 486 + 57 auf dem Abakus berechnet:

▷ Mathematische Werkstatt, Seite 164 – 167

Mathematische Reisen

Von Rechenstäben zur schriftlichen Multiplikation

Nur knapp hundert Jahre nach *Adam Ries* hat der schottische Mathematiker *John Neper* die erste Rechenmaschine der Welt erfunden, mit der man hervorragend multiplizieren konnte. Diese Maschine bestand aus **Rechenstäben**, die auf vier Seiten das kleine Einmaleins für die Zahlen 1 bis 9 aufwies. Das Ergebnis konnte man direkt auf jeder Zeile ablesen – die Einer und Zehner waren durch eine schräge Linie getrennt. Für mehrstellige Zahlen wurden die entsprechenden Stäbe nebeneinander gelegt.

2 Lies ebenso wie in Aufgabe 1 ab:
958 · 3 = ☐
958 · 7 = ☐
958 · 8 = ☐

John Neper
(1550 – 1619)

1 [👥 ✂] Mit Papierstreifen könnt ihr euch einfache Rechenmaschinen nachbauen. Für die Multiplikation 958 · 5 legt ihr den 9er-, 5er- und 8er-Streifen nebeneinander und daneben den Faktorstreifen. Das Ergebnis könnt ihr nun in der „5er-Reihe" ablesen, ihr müsst nur noch die Zahlen in der Diagonale addieren.

3 Lege dir nun zu folgenden Aufgaben die Streifen jeweils neu und lies das Ergebnis ab.
a) 37 · 8   b) 126 · 7
c) 359 · 6   d) 4832 · 5

4 Wenn du mehrstellige Zahlen multiplizieren willst, solltest du dir in deinem Heft ein Zahlengitter anlegen. Die Teilergebnisse schreibst du in die entsprechenden Felder und addierst dann stellengerecht.

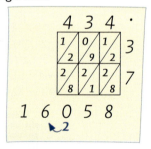

Berechne ebenso:
a) 765 · 43   b) 538 · 26
c) 123 · 456   d) 223 · 556
e) 88 · 345   f) 96 · 524

5 [👥] Stellt euch gegenseitig Multiplikationsaufgaben und kontrolliert sie mithilfe eurer Rechenstäbe.

150   ▷ Mathematische Werkstatt, Seite 176 – 178

Mathematische Reisen

6 [●] Bei unserer heutigen schriftlichen Multiplikation hat sich die Idee der Rechenstäbe erhalten, nur schreiben wir kürzer und einfacher.
Vergleiche selbst:

a) mit Rechenstäben früher   schriftliche Multiplikation heute

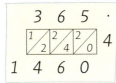 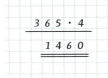

Rechne die schriftliche Multiplikation 365 · 4 laut vor. Achte genau darauf, welche Ziffern du aufschreibst und welche du dir für die nächste Stelle merkst.

b) mit Rechenstäben früher   schriftliche Multiplikation heute

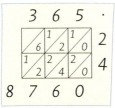 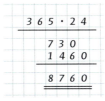

Notiere in deinem Heft in Kurzform, wie du bei dieser Aufgabe rechnest, schreibst und dir die Ziffern merkst:

Rechne	Schreibe	Merke
2 · 5 = 1 0	0	1
2 · 6 = 1 2, 12 + 1 = 1 3	3	1
2 · 3 = …		
…		

So kannst du deutlich erkennen, wie in den Teilergebnissen unserer schriftlichen Multiplikation die Ziffern der Rechenstäbe bereits verarbeitet sind.

7 [●] Rechne und vergleiche wie in Aufgabe 5.

a) 596 · 5
   596 · 15
   596 · 215

b) 283 · 650
   283 · 605
   283 · 65

Eine alte Bauernregel

Noch heute sollen sich in Asien Bauern, die die schriftliche Multiplikation nicht beherrschen, auf eine recht merkwürdige Art behelfen.

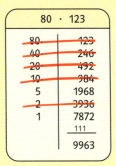

Regel:

1. Der erste Faktor des zu berechnenden Produkts wird so oft halbiert, bis man auf 1 kommt.
Tritt beim Halbieren von ungeraden Zahlen ein Rest auf, so lässt man diesen weg.

2. Der zweite Faktor wird so oft verdoppelt, wie der erste Faktor halbiert wurde.

3. Man streicht nun in der Tabelle die Zeilen weg, in denen der erste Faktor eine gerade Zahl ist.

4. Die Zahlen, die in der rechten Tabellenspalte übrig bleiben, werden zum Schluss addiert.

5. Die Summe ist das Ergebnis der Multiplikationsaufgabe.

▷ Führe folgende Multiplikationen nach dieser *Bauernregel* durch und überprüfe sie mithilfe der schriftlichen Multiplikation.
19 · 15; 18 · 52; 111 · 11; 298 · 24; 128 · 7

▷ Mathematische Werkstatt, Seite 176 – 178

Mathematische Reisen

Multiplizieren mit den Fingern

Erinnert ihr euch noch, wie ihr selbst als Grundschüler anfangs mit den Fingern gezählt oder auch gerechnet habt. Macht ihr das heute auch noch? – Kein Problem! Schon seit Jahrtausenden nehmen die Menschen beim Rechnen die Finger zu Hilfe.

Eigentlich müsste man das kleine Einmaleins nur bis 5 · 5 = 25 beherrschen. Denn auch darüber hinaus kann man bequem mit den Fingern multiplizieren – wie? Schaut euch die Regeln und die Beispiele an.

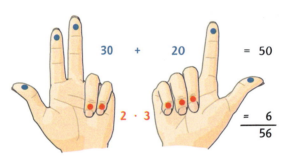

Regula 1 Beispiel: 8 · 7 =
- mit der einen Hand zeige ich, was von 8 über die Fünf hinausgeht (3 Finger)
- mit der anderen Hand zeige ich, was von 7 über die Fünf hinausgeht (2 Finger)
- das Ergebnis erhalte ich, wenn ich die ausgestreckten Finger beider Hände als Zehner addiere: 20 + 30 = 50 und die eingeklappten Finger als Einer multipliziere: 2 · 3 = 6

Summe: 50 + 6 = 56

1 Probiere nun selbst aus, ob die Regel 1 für alle Zahlen zwischen 5 und 10 funktioniert.

2 [👥] Auch für Zahlen, die zwischen 11 und 15 liegen, gibt es einen Multiplikationstrick. Lies dir die Regel 2 durch und versuche sie deinem Tischnachbarn/deiner Tischnachbarin zu erklären.

3 Führe mit der Regel 2 auch folgende Multiplikationen aus:
a) 15 · 13
b) 12 · 14
c) 13 · 11

4 Klappt die Regel auch noch bei 10 · 10; 15 · 15 und 10 · 15?

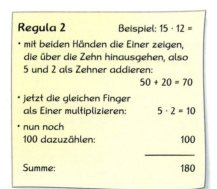

Regula 2 Beispiel: 15 · 12 =
- mit beiden Händen die Einer zeigen, die über die Zehn hinausgehen, also 5 und 2 als Zehner addieren: 50 + 20 = 70
- jetzt die gleichen Finger als Einer multiplizieren: 5 · 2 = 10
- nun noch 100 dazuzählen: 100

Summe: 180

152 ▷ Mathematische Werkstatt, Seite 168/169

Mathematische Reisen

Zahlenfolgen

Es gibt schon eine Menge Merkwürdigkeiten und Überraschungen in unserer Zahlenwelt, wenn man einzelne Ziffern und Zahlen nach bestimmten Regeln miteinander verbindet.

Vielfach enden die Folgen bei einer bestimmten Zahl oder bestimmte Zahlen tauchen immer wieder auf.

1 Differenzen

Wähle eine beliebige vierstellige Zahl. Bilde dann die Differenz von je zwei benachbarten Ziffern und schreibe sie unter das Ziffernpaar. Bilde dann die Differenz aus der letzten und der ersten Ziffer und du erhältst die letzte Ziffer der neuen vierstelligen Zahl.
Wann und wie endet die Folge?
Untersuche auch andere vierstellige Startzahlen. Kommst du dabei immer zum gleichen Ergebnis?
Probiere nach diesem Muster einmal 864 und 257 aus.

```
8  3  4  6
 5  1  2  2
  4  1  0  3
   3  1  3  1
        ...
```

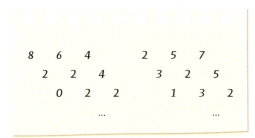

2 Kleiner oder größer 10

Wähle eine Zahl zwischen 1 und 9. Verdopple sie. Ist das Ergebnis größer als 10, so subtrahiere 10. Verdopple erneut usw.

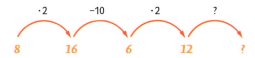

Nimm auch andere Startzahlen.
Was verändert sich?

3 Achterbahn-Folge

Wie in der Achterbahn geht es auch mit den Zahlen dieser Folgen zunächst auf und ab. Wähle eine beliebige Zahl. Ist die Zahl gerade, dann teile sie durch 2. Ist sie ungerade, dann multipliziere mit 3 und addiere 1 hinzu. Fahre fort. Was passiert?

Wähle 6; 13; 17 und 21 als Startzahlen. Probiere es auch mit 32; 64; 128.
Wähle eigene Startzahlen. Manchmal brauchst du allerdings etwas Geduld. Lass dich auch von der Zahl 27 oder 39 nicht zur Verzweiflung bringen.

4 Immer kleiner?

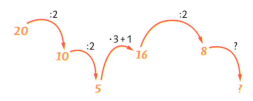

Jetzt brauchst du einen Taschenrechner. Gib eine Zahl ein. Dividiere sie durch 3 und addiere 1. Dividiere auch deine neue Zahl durch 3 und addiere 1. Wiederhole diese Regel so lange, bis dir etwas auffällt. Gibt es eine bestimmte Endzahl?
Versuche es auch mit anderen Startzahlen. Ändert sich dann deine Endzahl?

▷ Mathematische Werkstatt, Seite 161–163 und 168–171

153

Mathematische Reisen

Zauberquadrate

Schon vor Jahrhunderten waren Zauberquadrate beliebt für Zahlenspielereien. In ihnen werden Zahlen so angeordnet, dass ihre **Summe** in allen Spalten, Zeilen und Diagonalen immer die gleiche ist – die **magische Zahl**. Viele Menschen erkannten nicht, wie man solche Quadrate bildete, und dachten daher, Zauberei (Magie) sei im Spiel.

1514 fertigte *Albrecht Dürer* das Bild *Melancholie*. In diesem Bild findest du ein Quadrat mit 16 Feldern. In jedem Feld steht eine Zahl. In der untersten Zeile steht auch das Entstehungsdatum.

Albrecht Dürer (1471–1528) war einer der bedeutendsten Maler.

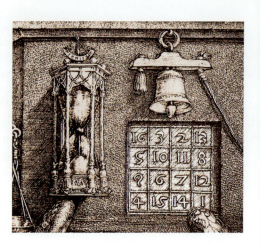

Magische Zahl

Die magische Zahl dieses Quadrats ist 15.

4	9	2
3	5	7
8	1	6

15

Ein Zauberquadrat muss nicht aus verschiedenen Zahlen bestehen, und man kann auch anstelle der Zahlen 1 bis 9 andere Zahlen verwenden.

3	2	4
4	3	2
2	4	3

9

Aber immer muss die Summe der Zahlen in einer Zeile, einer Spalte oder einer Diagonalen gleich sein.

111	104	109
106	108	110
107	112	105

324

1 Übertrage diese Quadrate in dein Heft und ergänze die fehlenden Zahlen mithilfe der magischen Zahl.

1		7	
15		9	
10	5		3
8	11		

Magische ◯ Zahl

6		
	5	
	9	4

Magische ◯ Zahl

3				15
20	8		14	
	25	13	1	
		5	18	6
11	4	17		23

Magische ◯ Zahl

154 ▷ Mathematische Werkstatt, Seite 161–163; Kasten, Seite 22

Mathematische Reisen

Zauberquadrat

Hier kannst du sehen, wie man auf einfache Art Zauberquadrate bilden kann.
Für ein Zauberquadrat mit den Zahlen 1 bis 9 notierst du die Zahlen nach folgendem Muster:

		1		
	2		4	
3		5		7
	6		8	
		9		

Dann wird ein Quadrat eingezeichnet.

		1		
	2		4	
3		5		7
	6		8	
		9		

Zuletzt werden die außen liegenden Zahlen auf die gegenüberliegende Seite „eingeklappt".

2	9	4
7	5	3
6	1	8

▷ Überprüfe, ob überall die magische Zahl 15 herauskommt.

3 Sind das auch Zauberquadrate?

16	3	2	13
5	10	11	8
9	6	7	12
4	15	14	1

3	8	1
4	5	6
9	2	7

4 Weitere Zauberquadrate kannst du dir mit einem anderen Trick herstellen. Die Zahlen der Quadrate B, C und D sind alle aus dem Quadrat A entstanden.

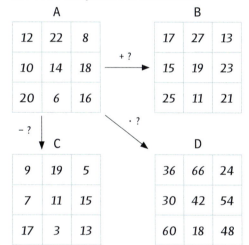

Erkannt? – Nun kannst du ja deine Zauberquadrate aus Aufgabe 2 verändern oder dir neue, schwerere ausdenken. Überprüfe mit der magischen Zahl, ob sich bei dir auch kein Rechenfehler eingeschlichen hat.

5 [●] Bei dem Zauberquadrat auf dem Rand erhält man die magische Zahl auf überraschend vielen Wegen. Versuche einige davon zu finden.

2 Erstelle wie im Infokasten beschrieben Zauberquadrate für die Zahlen
a) 2 bis 10
b) 12 bis 20
c) 105 bis 113.

6 [✂] Fertige dir aus Karton gleich große, quadratische Ziffernkärtchen mit den Zahlen 1 bis 9; 1 bis 16 oder 1 bis 25 an. Versuche nun damit neue Zauberquadrate mit 3 × 3; 4 × 4 oder 5 × 5 Feldern zu legen.

3	20	7	24	11
16	8	25	12	4
9	21	13	5	17
22	14	1	18	10
15	2	19	6	23

▷ Mathematische Werkstatt, Seite 161–163; Kasten, Seite 22

Mathematische Reisen

Würfelspiele

Tipp
Versucht doch einmal selbst eigene Spiele und Regeln zu entwerfen.

Tolle 15

Vorbereitung: Ein Spieler legt sich in seinem Heft eine Zählliste an – siehe Vorlage.

Name	Punkte je Runde											Summe
	R	U	N	D	E	N	Z	A	H	L	
	1.	2.	3.	4.	5.	6.	7.	8.	9.	10.	
1.											=
2.											=
3.											=
4.											=
5.											=

Spielmaterial: 3 Würfel

Ziel des Spiels: Jeder Spieler versucht, nach 10 Spielrunden eine Summe von 150 Punkten zu erreichen.

Spielregel: Es wird reihum mit 3 Würfeln gewürfelt. Jeder Spieler versucht, in jeder Runde möglichst die Zahl 15 zu erreichen. Eine Zahl über 15 ist nicht erlaubt. Dazu werden die Augenzahlen der drei Würfel durch die vier Grundrechenarten verbunden. An alle drei gewürfelten Zahlen dürfen beliebig viele Nullen angehängt werden. Jeder Spieler darf höchstens eine Minute überlegen.

Beispiele:
a) 30 − 20 + 5 = 15
b) 60 : (2 + 2) = 15

Spiel 71

Spielregel: Dies ist ein Spiel für zwei Spieler; gewürfelt wird mit drei Würfeln.
Ein Zug besteht darin, aus den drei gewürfelten Zahlen wie im Spiel *Tolle 15* eine Zahl zu berechnen.
Du würfelst abwechselnd mit deinem Mitspieler; eure Ergebnisse werden nacheinander addiert.

Gewonnen hat, wer zuerst die Zahl 71 erreicht. Wer über 71 hinauskommt, hat verloren.

Beispiel:
In dem Beispiel hat Peter verloren, weil er in seinem letzten Zug weder 0 noch 1 kombinieren kann.

Uschi	Peter	Rechnung	Summe
2, 6, 3		2 · 3 · 6 = 36	36
	3, 5, 5	3 · 5 + 5 = 20	56
1, 3, 3		(3 + 1) · 3 = 12	68
	1, 5, 6	6 − 5 + 1 = 2	70
3, 3, 3		3 · (3 − 3) = 0	70
	1, 2, 5	5 − 2 − 1 = 2	72

156

Mathematische Werkstatt

Wie das Handwerkszeug in der Werkstatt, so findet ihr hier all die Rechentechniken, die ihr in der Grundschule schon gelernt habt. Denn manchmal werdet ihr doch etwas nachschlagen müssen – wie ging das noch mit dem schriftlichen Multiplizieren, wie mit dem Dividieren, …

Hier findet ihr Antworten und genügend Aufgaben, sollte etwas noch einmal geübt werden müssen. Bei vielen Aufgaben könnt ihr euch anhand der verschlüsselten Lösungen selbst kontrollieren.

```
123 · 14
─────────
    123
    492
      1
─────────
   1722
```

Klaus

```
      123
  x    14
─────────
      492
      123
─────────
     1722
```

Carmen

```
  123 x
   14 =
─────────
      492
      123
─────────
     1722
```

Francesco

Nicht in allen Ländern rechnen die Kinder so, wie ihr es in der Grundschule gelernt habt. Das Ergebnis ist jedoch überall gleich.

157

Mathematische Werkstatt

Ziffern und Zahlen

Ziffern und Zahlen
Mit den zehn **Ziffern** 1; 2; 3; 4; 5; 6; 7; 8; 9 und 0 lassen sich alle **Zahlen** unseres Zahlensystems, dem Zehnersystem, darstellen.

Die Zahlen, mit denen man z. B. zählt oder auch Anzahlen beschreibt, werden in der Mathematik **natürliche Zahlen** genannt.

Das Zehnersystem ist ein **Stellenwertsystem**. Es bündelt in 10er-Einheiten.
Die in der Stellenwerttafel auftretenden Spaltenwerte 10; 100; 1000; 10 000; … nennt man **Stufenzahlen** des Zehnersystems.

$10\,E = 1\,Z, \quad 10\,Z = 1\,H, \quad 10\,H = 1\,T$

$12 = 1\,Z + 2\,E$

$130 = 1\,H + 3\,Z + 0\,E$

$2507 = 2\,T + 5\,H + 0\,Z + 7\,E$

Große Zahlen in Ziffern und Worten
Um große Zahlen besser lesen und vergleichen zu können, teilt man die Ziffern von rechts in Dreierblöcke ein.

Zahlen unter einer Million werden in Worten klein und zusammengeschrieben, Zahlen über eine Million schreibt man getrennt.

54 312
vierundfünfzigtausenddreihundertzwölf

1 249
eintausendzweihundertneunundvierzig

1 012 007
eine Million zwölftausendsieben

Runden von Zahlen
Oft ist es nicht notwendig oder sogar sinnlos, ganz genaue Zahlen anzugeben. In solchen Fällen wird die Zahl **gerundet**. Solche Zahlen kann man sich leichter merken und besser mit anderen Zahlen vergleichen.
Runden kann auch helfen, Rechenergebnisse schnell zu überprüfen und abzuschätzen.

Rundungsstelle — ab 5 aufrunden
$39\,589 \approx 40\,000$
$39\,489 \approx 39\,000$
Tausender — bis 4 abrunden

$\approx$ heißt „ungefähr" oder „rund".

Vor dem Runden ist die **Rundungsstelle** (Zehner, Hunderter, Tausender, …) festzulegen.
Die Ziffer, die **rechts** von der Rundungsstelle steht, ist für das Runden entscheidend.

158

Mathematische Werkstatt

Ziffern und Zahlen

1 Welches ist die größtmögliche (kleinstmögliche) Zahl, die man mit den Ziffern 2; 3; 4; 5; 8; 9 schreiben kann? Jede Ziffer darf dabei nur einmal vorkommen.

2 a) Wie heißt die größte Zahl, die aus vier gleichen Ziffern besteht?
b) Bilde die kleinste Zahl, die aus sechs gleichen Ziffern besteht.

3 Bilde mit den Ziffern 2; 4 und 6 alle möglichen dreistelligen Zahlen. Jede Ziffer darf nur einmal vorkommen.

4 Lege die Zahlenkärtchen so in eine Reihe, dass sie zusammengelesen
a) eine möglichst kleine
b) eine möglichst große
siebenstellige Zahl bilden.

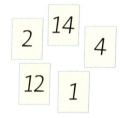

5 Gib die um 1 kleinere und die um 1 größere Zahl an.
a) 4200   b) 52 999   c) 30 100
d) 10 099   e) 87 000   f) 39 999

6 Gib die um 10 kleinere und die um 100 größere Zahl an.
a) 532   b) 365   c) 689
d) 7643   e) 6304   f) 8956

Kannst du den Text entziffern?

UMMITTERN8M8
EN8MÄUSEKR8OB
TENUNDL8ENDAS
SDIEBALKENKR8END
AW8EEINEN8IGALLAU
FUNDD8E8OBTDIESE
BANDEDENNJEDEN8

Versuche, selbst einen solchen Text zu schreiben.

7 Ordne die Zahlen. Beginne mit der größten.
a) 999; 989; 899; 888; 898; 889; 998
b) 1101; 1001; 1011; 1110; 1100; 1010
c) 5656; 6565; 5666; 6655; 5665; 5566
d) 7447; 4774; 4477; 7474; 4744; 7747

Große Zahlen in Ziffern und Worten

8 [👥] Ordne die Zahlen zuerst in Dreierblöcken und lies sie dann laut deinem Nachbarn/deiner Nachbarin vor.
a) 38547921; 75575775; 444333555
b) 242365743; 9740025264; 570005705
c) 222222222222; 627276627276627
d) 34000000000000; 101010101010101

9 Welche Zahl folgt auf die Zahl?
a) 3 452 499   b) 32 999 999
c) 59 989 999   d) 899 999 999

10 Welche Zahl kommt vor der Zahl?
a) 500 000   b) 790 901
c) 1 014 900   d) 6 912 000

11 [•] Welches ist die größte, welches die kleinste Zahl, die du mit 19 Streichhölzern legen kannst?

12 Schreibe in Worten.
a) 439   b) 3762
c) 94 876   d) 70 580

13 Schreibe mit Ziffern.
a) zweitausendeinhundertfünfzehn
b) dreiunddreißigtausendzweihundert
c) sechsundsechzigtausendzehn

14 [👥👥] Hohe Hausnummern – ein Würfelspiel

H	Z	E
4	2	1

1. Jeder Mitspieler zeichnet sich eine dreistellige (vierstellige, fünfstellige, …) Stellenwerttafel auf.
2. Ein Spieler beginnt mit dem Würfeln (1 Würfel). Die gewürfelte Zahl wird an einer frei zu wählenden Stelle in der Stellenwerttafel notiert.
3. Die Mitspieler würfeln nun abwechselnd und tragen ihre Wurfziffer entsprechend in ihre Stellenwerttafeln ein.
4. Gewonnen hat der Mitspieler, dessen Zahl (Hausnummer) am größten ist.

Mathematische Werkstatt

15 Große Zahlen werden oft auch gemischt in Ziffern und Worten angegeben, z. B. 6 Millionen, 23 Milliarden. Gib folgende Zahlen nur mit Ziffern an.
34 Millionen = 34 000 000
a) 76 Millionen
b) 312 Millionen
c) 95 Milliarden
d) 819 Milliarden
e) 225 Billionen
f) 917 Billionen

16 Schreibe wie im Beispiel.
4500 Mio. = 4 Mrd. 500 Mio.
a) 2300 Mio.
b) 20 000 Mio.
c) 3670 Mio.
d) 18 490 Mio.
e) 5870 Mrd.
f) 99 618 Mrd.

17 Gib in Millionen an.
a) 2 Mrd.
   17 Mrd.
   53 Mrd.
   89 Mrd.
b) 321 Mrd.
   599 Mrd.
   801 Mrd.
   987 Mrd.
c) 1 Bio.
   73 Bio.
   409 Brd.
   909 Brd.

Runden von Zahlen

18 Runde auf Zehner, auf Hunderter und auf Tausender.
a) 3244
   8756
b) 7362
   9876
c) 4296
   4278
d) 46 237
   74 642
e) 34 892
   81 945
f) 87 463
   63 670

19 Runde auf Tausender, auf Zehntausender und auf Hunderttausender.
a) 147 432
b) 932 238
c) 140 894
d) 907 654
e) 780 505
f) 320 542
g) 4 894 567
h) 2 867 593
i) 3 789 959

20 Runde auf Millionen.
a) 23 476 983
b) 67 823 012
c) 98 760 123
d) 25 400 992

21 [●] Runde die Zahl 6 482 519 073 auf Zehner, auf Hunderter, ..., auf hundert Millionen und auf Milliarden.

22 An einem Spieltag der Fußball-Bundesliga gaben die Kassierer der Vereine folgende Zuschauerzahlen bekannt.

Bochum 12 567
München 43 610
Kaiserslautern 15 632
Nürnberg 33 561
Köln 23 782
Stuttgart 44 701
Leverkusen 12 530
Hamburg 29 695

a) In einer Zeitung wird eine Liste abgedruckt, in der die Zuschauerzahlen auf Hunderter gerundet und der Größe nach geordnet sind. Stelle die Liste auf.
b) Der Kölner Stadionsprecher meint: „Beim heutigen Spiel sind rund 25 000 Zuschauer." Stimmt das?

23 Bei welchen Angaben darfst du nicht runden?
a) Postleitzahl von Oberhausen
b) Entfernung zwischen Münster und Bonn
c) Telefonnummer
d) Geburtsjahr
e) Einwohnerzahl von Essen
f) Höhe des Eiffelturms in Paris
g) Suche weitere Beispiele.

Groß, größer, am größten

Du kennst jetzt die Stellenwerttafel bis zu den Billiarden. Da es keine größte Zahl gibt, hört die Stellenwerttafel auch nicht bei den Billiarden auf. Wie die Stellenwerttafel weitergeht, ist vor allem dann interessant, wenn man mit sehr großen Zahlen rechnen muss (z. B. bei Entfernungen im Weltall).

Die Stellenwerttafel wird dann so erweitert:

1 Million	Mio.	1 ... (6 Nullen)
1 Milliarde	Mrd.	1 ... (9 Nullen)
1 Billion	Bio.	1 ... (12 Nullen)
1 Billiarde	Brd.	1 ... (15 Nullen)
1 Trillion		1 ... (18 Nullen)
1 Trilliarde		1 ... (21 Nullen)
1 Quadrillion		1 ... (24 Nullen)
1 Quadrilliarde		1 ... (27 Nullen)
1 Quintillion		1 ... (30 Nullen)
1 Sextillion		1 ... (36 Nullen)
1 Septillion		1 ... (42 Nullen)
...		...

Übrigens

Bei den Namen für große Zahlen gibt es Unterschiede zwischen deutsch- und englischsprachigen Ländern:

deutsch	englisch
Million	million
Milliarde	billion
Billion	trillion
Billiarde	quadrillion
Trillion	quintillion

▷ Wie liest ein Engländer die Zahl 13 500 618 000?
... und wie du?

Mathematische Werkstatt

Addieren und Subtrahieren

Addieren und subtrahieren
18 plus 9 gleich 27

27 minus 9 gleich 18

Mit der Subtraktion kannst du eine Additionsaufgabe überprüfen und umgekehrt.

$$\underbrace{18 + 9}_{\text{Summand Summand}} = \overbrace{27}^{\text{Summe}}$$

$$\underbrace{27 - 9}_{\text{Minuend Subtrahend}} = \underbrace{18}_{\text{Differenz}}$$

Tipp
Führe stets die Probe durch.

$28 + 19 = 47$ $53 - 26 = 27$
Probe: Probe
$47 - 19 = 28$ $27 + 26 = 53$

Du kannst leicht im Kopf rechnen, wenn du schrittweise vorgehst.

```
  68 + 54            375 - 87
= 68 + 50 + 4      = 375 - 80 - 7
= 118      + 4     = 295       - 7
= 122              = 288
```

Rechengesetze und Rechenvorteile
Klammern zeigen an, was **zuerst** berechnet werden soll.

```
  52 - (13 + 7)       73 + (29 - 12)
= 52 -    20        = 73 +    17
= 32                = 90
```
Klammer zuerst!

Verbindungsgesetz (Assoziativgesetz)
Bei der Addition dürfen beliebig Klammern gesetzt oder auch weggelassen werden.

```
(24 + 12) + 8 = 24 + (12 + 8)
   36    + 8 = 24 +    20
       44    =      44
```

Tipp
Wenn du diese Regeln benutzt, kannst du oft vorteilhafter rechnen.

```
  17 + 36 + 13 + 44
= 17 + 13 + 36 + 44
=   30   +   80
= 110
```

Vertauschungsgesetz (Kommutativgesetz)
Bei der Addition dürfen die Summanden beliebig vertauscht werden.

```
32 + 51 + 18 = 32 + 18 + 51
             =   50   + 51
             =      101
```

Beachte: Verbindungs- und Vertauschungsgesetz gelten nicht bei der Subtraktion.

$15 - 5 \neq 5 - 15$

161

Mathematische Werkstatt

+	17	71	126
19			
27			
36			
68			
85			
109			
144			
212			
269			
288			
295			
327			

1 Rechne im Kopf.
a) 60 + 32   b) 50 + 49
c) 70 + 29   d) 40 + 36
e) 200 + 67 f) 150 + 42
g) 130 + 62 h) 520 + 69

2 Berechne.
a) 140 $\xrightarrow{+57}$ ☐   b) 260 $\xrightarrow{+32}$ ☐
c) 560 $\xrightarrow{+29}$ ☐   d) 170 $\xrightarrow{+27}$ ☐
e) 440 $\xrightarrow{+74}$ ☐   f) 650 $\xrightarrow{+88}$ ☐

3 Berechne und führe die Probe durch.
a) 75 + 47   b) 88 + 65
c) 94 + 27   d) 67 + 38
e) 54 + 87   f) 56 + 65
g) 92 + 39   h) 76 + 85

4 Berechne.
a) 140 + 77   b) 230 + 92
c) 87 + 440   d) 69 + 650
e) 163 + 68   f) 254 + 79
g) 86 + 227   h) 47 + 574

5 In den darüber liegenden Feldern soll immer der Summenwert der Zahlen aus den zwei darunterliegenden Feldern stehen.
a) Ergänze die Zahlen in deinem Heft.

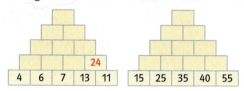

b) Ergänze und kontrolliere.

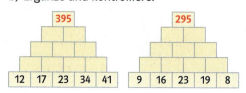

6 a) Berechne die Summe aus den Summanden 43 und 37.
b) Welchen Wert hat die Summe aus den Summanden 167 und 96?
c) Addiere zum Summenwert der Zahlen 24 und 128 die Zahl 56.

7 Übertrage in dein Heft und setze Zahlen ein.

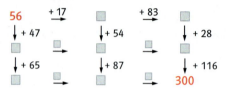

8 [●] Setze die Ziffern 2; 5; 7 und 9 ein, sodass der Wert der Summe ☐☐ + ☐☐ =
a) möglichst groß ist.
b) möglichst klein ist.
c) 149 beträgt.

9 Kreuzzahlrätsel

¹1	²3	6	▓	3	⁴
⁵4		▓	6		
⁷1		8		9	
▓	10		11		▓
12		13			14
15		▓		▓	

Waagerecht:
1) 100 + 36
3) 38 + 59
6) 410 + 289
7) 43 + 96
10) 2900 + 550
13) 1900 + 2309
15) 25 + 35

Senkrecht:
1) 87 + 54
2) 3100 + 233
3) 91000 + 8500
4) 457 + 338
8) 860 + 84
11) 449 + 71
12) 39 + 57
14) 46 + 49

162

Mathematische Werkstatt

–	16	37	49
58			
72			
104			
125			
144			
167			
203			
217			
263			
309			
336			
351			

10 Rechne schrittweise und führe die Probe durch.
- a) 86 – 47
- b) 94 – 27
- c) 73 – 37
- d) 56 – 18
- e) 246 – 28
- f) 164 – 37
- g) 356 – 39
- h) 563 – 24

11 Wie heißt die fehlende Zahl?
a) 82 – 18 = ☐
   74 – ☐ = 23
   ☐ – 88 = 12
b) 193 – 95 = ☐
   208 – ☐ = 150
   ☐ – 121 = 242
c) 1200 – 350 = ☐
   ☐ – 1300 = 2400
   7500 – ☐ = 1800
d) 7100 – 3200 = ☐
   8600 – ☐ = 6700
   ☐ – 5800 = 2600

12 Wie heißt die fehlende Zahl?
a) 24 + ☐ = 72
   ☐ + 77 = 93
c) 980 + ☐ = 1210
   ☐ + 740 = 1320
b) 87 + ☐ = 182
   ☐ + 56 = 231
d) 460 + ☐ = 1040
   ☐ + 870 = 1260

13 Berechne.
a) 76 + ☐ = 121
   ☐ + 27 = 104
c) 147 + ☐ = 246
   ☐ + 56 = 214
b) 126 + ☐ = 212
   ☐ + 83 = 221
d) 212 + ☐ = 304
   ☐ + 37 = 313

14 a) Berechne jeweils die Differenz.

1)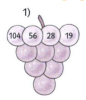
2)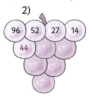
3)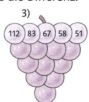

b) Berechne und kontrolliere.

1)
2)
3)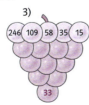

15 [●] Setze die Ziffern 2; 5; 7 und 9 ein, so dass der Wert der Differenz ☐☐ – ☐☐ =
a) möglichst groß ist.
b) möglichst klein ist.
c) 28 beträgt.

Rechengesetze und Rechenvorteile

16 Berechne möglichst geschickt.
a) 22 + 17 + 33
   46 + 14 + 27
c) 65 + 38 + 55
   46 + 52 + 38
b) 56 + 21 + 34
   64 + 37 + 76
d) 93 + 56 + 77
   86 + 24 + 56

17 Vertausche und fasse geschickt zusammen.
  23 + 46 + 17 + 24 + 27
= (23 + 17) + (46 + 24) + 27
=   40   +   70   + 27 = 137
a) 36 + 57 + 24 + 33 + 38
b) 53 + 38 + 41 + 62 + 19
c) 27 + 45 + 83 + 65 + 34
d) 67 + 26 + 65 + 94 + 25

18 [●] Vertausche geschickt, sodass du leicht addieren kannst.
  17 + 36 + 29 + 33 + 11 + 55 + 74
= 17 + 33 + 36 + 74 + 29 + 11 + 55
= 50 + 110 + 40 + 55 = 255
a) 17 + 19 + 21 + 16 + 13 + 31 + 28 + 32
b) 28 + 15 + 24 + 36 + 45 + 27 + 15 + 12
c) 19 + 23 + 45 + 17 + 31 + 18 + 25 + 62

19 [●] Nicole und Steffen berechnen beide die Summe 358 + 434 + 566. Während Steffen noch rechnet, hat Nicole bereits das Ergebnis im Kopf ermittelt.

20 [●] Setze zweimal ein Pluszeichen so ein, dass die Rechnung stimmt.
4 5 6 7 8 = 138
4 + 56 + 78 = 138
a) 3 1 5 9 8 = 98
b) 2 9 6 8 4 = 182
c) 3 2 7 5 6 = 86
d) 4 6 5 7 4 = 107

Mathematische Werkstatt

Schriftliche Strichrechnung

Schriftliches Addieren

1. Schreibe die Zahlen **stellengerecht** untereinander: Einer unter Einer, Zehner und Zehner, …

2. Beginne von **rechts** zu **addieren**: Erst die Einer, dann die Zehner usw.

3. Achte auf den **Übertrag**.

4. Führe stets eine **Überschlagsrechnung** durch.

13867+7438

Rechnung:
```
  13867
+  7438
   1 1 1 1
  21305
```

Überschlag:
```
  14000
+  7000
   1
  21000
```

Achte stets auf die Überträge und die Nullen!

Addition mit **mehreren Summanden**.

5284+756+3805+6058

Rechnung:
```
   5284
+   756
+  3805
+  6058
   1 1 2 2
  15903
```

Überschlag:
```
   5000
+  1000
+  4000
+  6000
   1
  16000
```

Schriftliches Subtrahieren

1. Schreibe die Zahlen **stellengerecht** untereinander: Einer unter Einer, Zehner unter Zehner usw.

2. Beginne von **rechts** die fehlenden Einer, Zehner, Hunderter, … zu **ergänzen**.

3. Achte auf den **Übertrag**.

4. Führe stets eine **Überschlagsrechnung** durch.

7364-438

Rechnung:
```
   7364
-   438
    1 1
   6926
```

Überschlag:
```
   7400
-   400
   7000
```

Subtraktion mit **mehreren Summanden**

5956-1683-217-859

Rechnung:
```
   5956
-  1683
-   217
-   859
   1 2 2
   3197
```

Überschlag:
```
   6000
-  1700
-   200
-   900
   2
   3200
```

164

Mathematische Werkstatt

Schriftliche Addition

1 Berechne.

a) 5226 + 4395
b) 6438 + 3267
c) 4708 + 3647

d) 3254 + 4602 + 2043
e) 5604 + 1035 + 3260
f) 6420 + 2060 + 1519

2 Schreibe untereinander und berechne.

a) 4326 + 3251 + 2422
b) 5113 + 2654 + 1232
c) 1346 + 5211 + 3442

3 Achte auf den Übertrag.

a) 4361 + 3097 + 2485
b) 2604 + 3837 + 1329
c) 5943 + 2406 + 1077

4 Schreibe untereinander und berechne.

a) 23607 + 348 + 5037
b) 212 + 8314 + 76419 + 3888
c) 6513 + 7312 + 88461 + 426 + 57041

5 Achte auf die Nullen.

a) 54290 + 3043 + 6010
b) 24659 + 4862 + 30499
c) 90240 + 3060 + 7003

6 [●] Berechne in der Zeile und in der Spalte. Was fällt dir auf?

999 + 888 + 777 =
666 + 555 + 444 =
333 + 222 + 111 =
___ + ___ + ___ = ☐

7 Hier kannst du dein Ergebnis kontrollieren.

 612 + 589 + 878 =
1286 + 2463 + 1619 =
 637 + 842 + 2185 =
____ + ____ + ____ = 11111

8 Hier musst du gut aufpassen. Du erhältst besondere Ergebnisse.

a) 53269 + 6982 + 48203 + 145834 + 96432 + 72304 + 850 + 218604 + 23274 + 914

b) 832 + 54067 + 6312 + 65083 + 609 + 38492 + 6030 + 72412 + 9807 + 79689

c) 214867 + 63589 + 8942 + 698 + 8315 + 85369 + 420014 + 99586 + 8735 + 89884

9 Welche Fehler wurden gemacht? Verbessere die Fehler.

a) 2356 + 459 = 6946
b) 473 + 244 + 517 = 1124
c) 7003 + 408 + 20807 = 28308

10 Wie häufig musst du 4356 addieren, um ans Ziel zu kommen?

a) START 5472 ... ZIEL 14184
b) START 12673 ... ZIEL 30097
c) START 46589 ... ZIEL 72725

11 Ordne richtig zu. Die Lösung fließt in den Rhein!

14582 | P   14559 | U
14635 | R   14565 | W
14629 | E   14612 | P

a) 5623 + 8942
b) 6785 + 7774
c) 9638 + 4974

d) 8301 + 6281
e) 5799 + 8830
f) 9217 + 5418

12 [●] Ersetze die Leerstellen durch die richtigen Ziffern.

a) ☐456 + 63☐3 = 8☐7☐
b) 5☐47 + ☐89☐ = 95☐9
c) 82☐7 + ☐65☐ = ☐5☐06

| 347 | 6813 |
| 715 | 2963 |

| 2683 | 683 |
| +757 | 4572 |

| 517 | 638 |
| +9187 | 5263 |

Nimm aus jedem Feld eine Zahl, so erhältst du 64 Aufgaben. Beispiel:
  347
+ 2683
+ 517

Mathematische Werkstatt

13 [●] In die Leerstellen gehören die Ziffern 1; 2; 3; 6; 7; 8. Jede Ziffer darf nur einmal vorkommen.
a) Der Wert der Summe soll möglichst groß sein.
b) Der Wert der Summe soll möglichst klein sein.
c) Der Wert der Summe soll 900 betragen.

14 [●] **Zahlenzauber**
2 + 8 = ☐
204 + 806 = ☐
20406 + 80604 = ☐
2040608 + 8060402 = ☐
☐ + ☐ = ☐

15 [●] **Zahlenzauber**
Schau dir die Zahlen genau an.
a) 9 135 802 469 136
  + 1 975 308 641 975
b) 135 802 469 136
  + 197 530 864 197
c) 35 802 469 136
  + 19 753 086 419
d) 5 802 469 136
  + 1 975 308 641

Schriftliche Subtraktion

16 Die Ziffern an der Tafel sind in der Pause teilweise ausgelöscht worden. Wie lauteten die verwischten Zahlen?

17 Berechne.
a) 8649 − 4537
b) 6756 − 5234
c) 9825 − 7503
d) 5468 − 3247
e) 4899 − 3256
f) 7835 − 4602
g) 6453 − 342
h) 8469 − 248
i) 5972 − 761

18 Schreibe untereinander und berechne.
a) 5643 − 4232
b) 8467 − 6253
c) 8459 − 6342
d) 7586 − 4254
e) 3896 − 2743
f) 5675 − 3462

19 Achte auf den Übertrag.
a) 5436 − 2258
b) 6542 − 4163
c) 7836 − 6919
d) 6723 − 4567
e) 5283 − 2526
f) 4391 − 1546

20 Berechne.
a) 6352 − 2413 − 1846
b) 8283 − 5417 − 1615
c) 4736 − 1561 − 1884

21 Achte auf die Nullen.
a) 5063 − 2302 − 1001
b) 6402 − 4300 − 1032
c) 4765 − 2530 − 1130

22 Berechne und du erhältst besondere Ergebnisse.
a) 225 974 − 6345 − 74 317 − 536 − 4 045 − 16 503 − 907
b) 496 204 − 20 517 − 6709 − 51 518 − 567 − 9358 − 86 412
c) 473 354 − 5 208 − 19 531 − 5 341 − 287 − 36 512 − 74 264

23 Die Ergebnisse zeigen dir, ob du richtig gerechnet hast.
a) 649 853 − 538 742
b) 619 786 − 286 453
c) 791 449 − 235 894
d) 1 340 581 − 562 804
e) 1 400 237 − 400 238

24 Welcher Fehler wurde gemacht? Verbessere das Ergebnis.

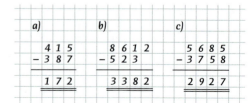

166

Mathematische Werkstatt

3546	4286
3890	4305

802	769
− 953	658

1555	1221
− 1358	1465

Nimm aus jedem Feld eine Zahl, so erhältst du 64 Aufgaben.
Beispiel:
  3546
− 802
− 1555

25 [•] Ersetze die Leerstellen durch die richtigen Ziffern.

a) 8☐7☐6   b) 6☐3☐☐   c) 8 2 1 9☐
  − ☐3☐6☐   − ☐7 9 3   − 4☐8☐9
   7 2 7 0 1   1 0 3 0 7   ☐2☐9 0

26 Wie oft musst du 6312 subtrahieren, um ans Ziel zu kommen?

a) START 27 417 ... ZIEL 14 793
b) START 41 512 ... ZIEL 9 952
c) START 76 839 ... ZIEL 51 591

27 Die richtigen Lösungen führen in eine europäische Hauptstadt.

899 | S	1097 | R	861 | M
1552 | D	2421 | M	4631 | A
1219 | T	4731 | E	1693 | A

a) 5467 − 836   b) 5238 − 2817
c) 5603 − 4704   d) 7804 − 6585
e) 5689 − 958   f) 1892 − 795
g) 4308 − 2756   h) 6059 − 4366
i) 3609 − 2748

28 [•] In die Leerstellen gehören die Ziffern
☐☐☐
− ☐☐☐
2; 3; 5; 7; 8; 9.
a) Der Wert der Differenz soll möglichst groß sein.
b) Der Wert der Differenz soll möglichst klein sein.
c) Der Wert der Differenz soll 121 betragen.

29 [•] Bilde aus vier Ziffern die kleinste und die größte Zahl und bilde die Differenz. Verfahre mit den vier Ziffern des Ergebnisses genauso, usw. Nach einigen Schritten kommt immer dasselbe Ergebnis heraus, gleichgültig, mit welchen Ziffern man angefangen hat.
2; 3; 6; 8

1)   8632   2)   6642   3)   7641
   − 2368   − 2466   − 1467
     6264   4176   6174

Rechne ebenso mit den Ziffern.
a) 2; 4; 8; 9   b) 1; 3; 7; 9   c) 2; 3; 8; 9

30 [••] Gleiche Buchstaben bedeuten gleiche Zahlen und schon geht die Rechnung auf.

  S E N D   F I T   M A T H E
+ M O R E   + M E N   + M A T I K
---------   -------   ---------
M O N E Y   J O G   K L E T T

31 [•] Auf dem Autokilometerzähler erscheinen immer wieder symmetrische Zahlen wie z. B. 10101 oder 37873.
a) Nach wie viel Kilometern erscheint die nächste symmetrische Zahl bei folgenden Kilometerständen?
12321; 84548; 56965
b) Suche für den Kilometerstand 78 900 die nächsten drei symmetrischen Zahlen und berechne, wie viel Kilometer jeweils noch zu fahren sind.

32 [•] Die Summe aller Zahlen von 1 bis 99 lässt sich leichter ausrechnen, wenn du sie wie unten aufschreibst.

1	2	3	4	5	6	7	8	9
99	98	97	96	95	94	93	92	91	...

Diese Idee hatte schon der damals sechsjährige *Carl Friedrich Gauss* im Jahre 1783. Findest auch du die Lösung?

a) [👥] Erkläre die Idee deiner Mitschülerin oder deinem Mitschüler und berechne.
b) Hast du eine Idee, wie man nur die geraden Zahlen von 1 bis 100 berechnen kann?

167

Mathematische Werkstatt

Multiplizieren und Dividieren

Multiplizieren und dividieren

3 mal 7 gleich 21

7	7	7
21		
7	7	7

21 geteilt durch 3 gleich 7

Mit der **Division** kannst du eine Multiplikationsaufgabe überprüfen und umgekehrt.

Beachte: Durch Null kann man nicht dividieren!

Du kannst leicht im Kopf rechnen, wenn du schrittweise vorgehst.

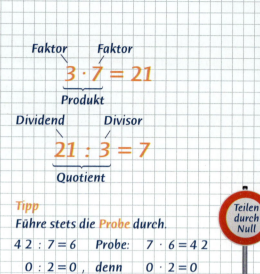

Faktor   Faktor
$3 \cdot 7 = 21$
Produkt

Dividend   Divisor
$21 : 3 = 7$
Quotient

Tipp
Führe stets die Probe durch.
$42 : 7 = 6$ Probe: $7 \cdot 6 = 42$
$0 : 2 = 0$, denn $0 \cdot 2 = 0$
$5 \not{:} 0$, weil es keine Zahl gibt, die mit 0 multipliziert 5 ergibt.

$9 \cdot 24$	$216 : 18$
$9 \cdot 20 = 180$	$180 : 18 = 10$
$9 \cdot 4 = 36$	$36 : 18 = 2$
$9 \cdot 24 = 216$	$216 : 18 = 12$

Rechengesetze und Rechenvorteile

Verbindungsgesetz (Assoziativgesetz)
Bei der Multiplikation dürfen beliebig Klammern gesetzt und weggelassen werden.

$(4 \cdot 12) \cdot 2 = 4 \cdot (12 \cdot 2)$
$\quad 48 \cdot 2 = 4 \cdot 24$
$\quad\quad 96 = 96$

Vertauschungsgesetz (Kommutativgesetz)
Bei der Multiplikation dürfen die Faktoren beliebig vertauscht werden.

$2 \cdot 6 \cdot 5 = 2 \cdot 5 \cdot 6$
$\quad\quad\quad = 10 \cdot 6$
$\quad\quad\quad = 60$

Beachte: Verbindungs- und Vertauschungsgesetz gelten nicht bei der Division.

Tipp
Wenn du diese Regeln benutzt, kannst du oft vorteilhafter rechnen.

$7 \cdot 5 \cdot 12 = 7 \cdot (5 \cdot 12)$
$\quad\quad\quad\quad = 7 \cdot 60$
$\quad\quad\quad\quad = 420$

$7 \cdot 25 \cdot 5 \cdot 4 \cdot 20$
$= 7 \cdot 25 \cdot 4 \cdot 5 \cdot 20$
$= 7 \cdot 100 \cdot 100$
$= 70000$

$100 : 2 \neq 2 : 100$

Mathematische Werkstatt

1 Rechne im Kopf.
a) 2 · 16
3 · 17
5 · 13
4 · 19
3 · 12
2 · 15

b) 6 · 13
7 · 11
5 · 15
9 · 12
8 · 17
6 · 14

c) 18 · 8
7 · 18
18 · 5
6 · 15
16 · 9
19 · 8

2 Rechne geschickt.
a) 4 · 21
6 · 31
5 · 41
4 · 32
6 · 51
8 · 62

b) 7 · 29
6 · 39
8 · 49
4 · 28
7 · 59
9 · 99

c) 9 · 24
11 · 26
33 · 9
35 · 11
4 · 26
6 · 53

3 Schreibe die Zahl als Produkt mit zwei Faktoren: 56 = 7 · 8
a) 49; 35; 54; 81; 42; 32; 36; 48; 27
b) 26; 28; 78; 76; 98; 66; 72; 84; 34
c) 128; 162; 114; 108; 136; 112; 104

4 a) Wähle den ersten Faktor aus der linken Wolke, den zweiten aus der rechten und berechne das Produkt. Überlege zuerst, bei welchen Zahlen das Produkt am größten (kleinsten) ist.

b) Wie viele Produkte kannst du bilden?

5 Wenn du zwei Zahlen, die Nullen am Ende haben, miteinander multiplizieren willst, dann hast du es leicht.

```
  7 · 1 0 0 = 7 0 0
      4 · 6 0 0 = 2 4 0 0
1 2 0 · 3 0 0 = 3 6 0 0 0
5 0 0 · 4 0   = 2 0 0 0 0
```

Rechne nun geschickt.
a) 3 · 100
5 · 300
4 · 120
50 · 600

b) 7 · 1000
30 · 40
60 · 150
12 · 800

c) 4 · 700
50 · 300
1300 · 4
700 · 80

6 a) Multipliziere 21 mit 19. Welche Zahl erhältst du?
b) Berechne den Wert des Produkts von 30 und 24.
c) Der erste Faktor eines Produkts heißt 12, der zweite 25. Welchen Wert hat das Produkt?
d) Beide Faktoren eines Produkts heißen 13. Welchen Wert hat das Produkt?

7 [●] a) Welche Zahl bekommst du, wenn du zum Produkt aus 12 und 8 die Zahl 200 addierst?
b) Welche Zahl bekommst du, wenn du zu 450 das Produkt der Zahlen 13 und 5 addierst?
c) Multipliziere die Summe der Zahlen 13 und 6 mit deren Differenz.

8 [●] Setze die Ziffern 4; 5 und 6 so ein, dass der Wert des Produkts ▢ · ▢ ▢
a) möglichst groß ist.
b) möglichst klein ist.
c) 270 ist.
d) 324 ist.

9 **Kreuzzahlrätsel**

Waagerecht:	Senkrecht:
1) 5 · 15	2) 6 · 9
3) 9 · 13	3) 4 · 25
5) 3 · 140	4) 6 · 120
8) 3 · 2010	6) 4 · 65
10) 12 · 40	7) 21 · 7
12) 13 · 6	9) 42 · 8
13) 222 · 3	11) 8 · 111
15) 6 · 144	13) 16 · 4
	14) 4 · 17

·	5	7	9	11
8				
12				
15				
30				
60				
120				
250				
510				

Mathematische Werkstatt

:	2	4	6	12
72				
96				

:	2	3	9	15
90				
270				

:	2	6	7	14
84				
252				

:	3	6	5	15
210				
630				

10 Rechne im Kopf.
a) 45 : 5   b) 36 : 6   c) 80 : 5
   32 : 4   81 : 9   63 : 7
   36 : 4   56 : 7   27 : 9
   27 : 3   42 : 6   48 : 6

11 Dividiere und überprüfe dein Ergebnis mit einer Probe.
Rechnung: 48 : 6 = 8   Probe: 8 · 6 = 48
a) 55 : 5; 50 : 10; 60 : 12; 49 : 7; 70 : 5
b) 100 : 20; 42 : 3; 60 : 15; 90 : 18
c) 32 : 2; 120 : 12; 70 : 5; 120 : 15

12 Rechne im Kopf.
a) 45 : 5   b) 84 : 6   c) 72 : 12
   64 : 4   105 : 7   112 : 16
   54 : 3   162 : 9   84 : 14
   44 : 4   128 : 8   99 : 11

13 [●] Rechne im Kopf. Schreibe mit Rest. 15 : 4 = 3 + (3 : 4)
a) 19 : 2   b) 52 : 6   c) 123 : 8
   11 : 4   50 : 7   150 : 9
   10 : 3   65 : 8   183 : 9
d) 36 : 11   e) 50 : 16   f) 250 : 20
   40 : 13   82 : 10   280 : 15
   70 : 12   95 : 18   210 : 17
g) 140 : 15 h) 185 : 18 i) 401 : 30
   175 : 12   200 : 19   500 : 40
   180 : 17   310 : 25   815 : 60

14 Übertrage das Bild in dein Heft.
a) Suche alle Zahlen, die sich durch 12 dividieren lassen, und färbe die Felder rot.
b) Suche alle Zahlen, die sich durch 15 dividieren lassen, und färbe die Felder blau.

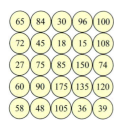

15 Dividiere.
a) 48 durch 2; 3; 4; 8; 12 und 16
b) 50 durch 2; 5; 10; 25 und 50
c) 32 durch 2; 4; 8; 16 und 32
d) 100 durch 2; 4; 5; 10; 20 und 25
e) 90 durch 2; 3; 6; 9; 15 und 30

16 Ersetze den Platzhalter im Heft durch die passenden Zahlen.
a) 49 : 7 = ☐   b) 350 : ☐ = 7
   72 : ☐ = 9   ☐ : 80 = 90
   ☐ : 5 = 6   150 : 30 = ☐
c) 18 · 6 = ☐   d) 70 · ☐ = 560
   ☐ · 12 = 144   280 · 30 = ☐
   25 · ☐ = 175   ☐ · 90 = 180

17 Setze im Heft passende Zahlen ein.
a) ☐ · 13 = 91   b) 12 · ☐ = 108
   7 · ☐ = 105   ☐ · 19 = 380
   12 · ☐ = 144   7 · ☐ = 147
   8 · ☐ = 96   5 · ☐ = 650

18 Wenn Dividend oder Divisor Nullen am Ende haben, kannst du leicht rechnen.

```
    420 :   7 =    60
   5000 :  25 =   200
   5600 : 700 =     8
 240000 : 120 =  2000
```

Rechne nun geschickt.
a)   3500 :   5   b)   5400 :   27
    56000 :   7   7000 :   35
      720 :   9   165000 :   55
c)   1600 :   80   d)   3000 : 600
    32000 :   40   9600 : 3200
    48000 : 240   13000 : 650

19 [●] a) Berechne den Wert des Quotienten der Zahlen 120 und 30.
b) Der Dividend lautet 98, der Divisor 7. Welchen Wert hat der Quotient?
c) Der Wert des Quotienten ist 8, der Dividend ist 120. Wie heißt der Divisor?
d) Der Divisor ist 11, der Quotient hat den Wert 15. Wie heißt der Dividend?

20 [●] Setze die Ziffern 8; 4 und 2 so ein, dass der Wert des Quotienten ☐☐ : ☐
a) möglichst groß ist.
b) möglichst klein ist.
c) 24 ist.
d) 7 ist.

Mathematische Werkstatt

21 Du kannst deine Rechnung kontrollieren.

a) 24 · 21 → □ : 6 → □
   ↓ · 14   ↓ : 24   ↓ · 8
   □ : 16 → □ · 32 → □
   ↓ : 21   ↓ · 1600 ↓ : 12
   □ · 2100 → □ : 600 → 56

b) 48 : 12 → □ · 24 → □
   ↓ : 16   ↓ · 18   ↓ · 3
   □ · 24 → □ · 4 → □
   ↓ · 360   ↓ · 3   ↓ : 12
   □ : 5 → □ : 9 → 24

22 [●] **Zahlenzauber**
Die Quadratzahlen von 41 bis 49 kannst du mit den Zauberzahlen 25 und 50 leicht im Kopf berechnen. $43^2 = 1849$
Prüfe und berechne nun die Quadratzahlen von 41 bis 49.

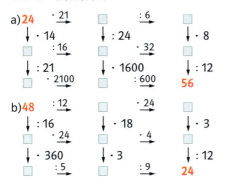

23 **Kreuzzahlrätsel**

	1	2		3		4	
5					6		7
			8				
	9					10	
11				12			
			13				

Waagerecht:
1) 225 : 15
3) 3150 : 3
5) 240 : 12
6) 1212 : 3
8) 12 012 : 4
9) 5050 : 5
10) 88 : 2
11) 990 : 9
12) 4800 : 4
13) 241 812 : 3

Senkrecht:
1) 750 : 6
2) 750 : 15
3) 5005 : 5
4) 1086 : 2
7) 121 212 : 3
9) 888 : 8
10) 12 000 : 30

Rechengesetze und Rechenvorteile

24 Fasse geschickt zusammen und berechne.
a) 7 · 4 · 5   b) 13 · 25 · 4
   5 · 20 · 9   40 · 25 · 17
   9 · 2 · 50   19 · 5 · 200
   4 · 25 · 11   8 · 125 · 7

25 Fasse geschickt zusammen.
   4 · 25 · 7 · 5 · 12
   = 100 · 7 · 60
   = 100 · 420 = 42 000

a) 4 · 5 · 12 · 10   b) 3 · 5 · 2 · 25 · 2
c) 2 · 3 · 14 · 5   d) 2 · 5 · 13 · 5 · 20
e) 25 · 4 · 50 · 2 · 7   f) 14 · 125 · 8 · 50 · 20

26 Vertausche und rechne geschickt.
   125 · 6 · 8 · 15 · 3
   = 125 · 8 · 6 · 15 · 3
   = 1000 · 90 · 3 = 270 000

a) 2 · 7 · 5 · 3   b) 9 · 4 · 8 · 5 · 25
c) 25 · 20 · 4 · 5 · 9   d) 2 · 35 · 5 · 9
e) 3 · 125 · 50 · 8   f) 4 · 3 · 3 · 5 · 5

27 [●] Vertausche geschickt und berechne.
   40 · 6 · 125 · 5 · 50 · 8
   = 5 · 6 · 125 · 8 · 50 · 40
   = 30 · 1000 · 2000
   = 60 000 000

a) 4 · 8 · 5 · 5 · 2 · 25
b) 125 · 50 · 20 · 8 · 4 · 30
c) 30 · 125 · 25 · 8 · 30 · 4
d) 5 · 15 · 75 · 2 · 4 · 20

28 [●] Manchmal können dir das Vertauschungsgesetz und das Verbindungsgesetz helfen, große Zahlen im Kopf zu multiplizieren.

   36 · 25   24 · 75
   = (4 · 9) · 25   = (6 · 4) · (3 · 25)
   = 9 · (4 · 25)   = (6 · 3) · (4 · 25)
   = 9 · 100   = 18 · 100
   = 900   = 1800

a) 32 · 25   b) 48 · 125
c) 75 · 28   d) 125 · 16
e) 28 · 125   f) 175 · 36

Mathematische Werkstatt

Punktrechnung und Strichrechnung

Summen, Differenzen und Klammern
Einen Rechenausdruck, in dem addiert und subtrahiert wird,
z. B.: 24 + 13 − 16 + 17 − 25
berechnen wir von **links nach rechts**.

Enthält ein Rechenausdruck allerdings **Klammern**, so ist vereinbart, **zuerst** den Rechenausdruck in der Klammer zu berechnen.

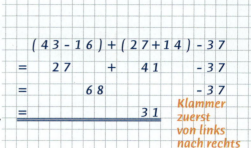

Punktrechnung und Strichrechnung
Bei den verschiedenen Rechenarten unterscheiden wir:
  Strichrechnungen und **Punktrechnungen**
  Addition +   Multiplikation ·
  Subtraktion −   Division :

Wenn in einem Rechenausdruck Punktrechnung und Strichrechnung vorkommen, muss man darauf achten, dass die Rechenarten in der richtigen Reihenfolge durchgeführt werden. Es gelten folgende Vereinbarungen:

Punktrechnung kommt vor Strichrechnung!

Klammern zuerst ausrechnen!

Wenn in den Klammern nochmals Klammern vorkommen, wird die **innere Klammer zuerst** ausgerechnet.

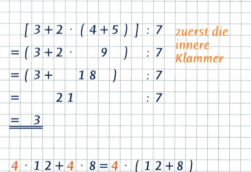

Verteilungsgesetz (Distributivgesetz)
Bei manchen Rechenausdrücken können wir durch das Setzen einer Klammer geschickter rechnen.

  3 · 4   +   3 · 5   = 3 · (4 + 5)

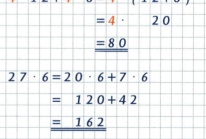

Dieser Vorgang wird **Ausklammern** genannt.
Bei anderen Rechenausdrücken ist es vorteilhaft, umgekehrt zu rechnen.
  43 · 12 = (40 + 3) · 12 = 40 · 12 + 3 · 12
Hier sprechen wir von **Ausmultiplizieren**.

172

Mathematische Werkstatt

Tipp
Bei den Aufgaben 1 bis 4 erhältst du Zahlen zwischen 1 und 20.

Summen, Differenzen und Klammern

1 Berechne von links nach rechts.
  24 − 13 + 16 − 17 + 36
= 11 + 16 − 17 + 36
= 27 − 17 + 36
= 10 + 36
= 46

a) 63 − 48 + 25 − 14 + 15 − 27
b) 81 − 56 + 27 − 36 + 21 − 34
c) 96 − 48 − 19 + 24 − 48 + 11
d) 74 − 16 − 39 + 33 − 17 − 18
e) 57 + 24 − 48 − 19 + 21 − 33

2 Achte auf die Klammern.
  (57 − 28) + (81 + 12) − 37
= 29 + 93 − 37
= 122 − 37
= 85

a) 46 − 28 − (41 − 27) + 27 − 18
b) 61 + (24 − 17) − (37 + 24) + 11
c) 54 − (65 − 48) + 24 − (29 + 26)
d) 37 + (54 − 36) − 29 − (31 − 17)
e) 29 − (61 − 47) + 27 − (18 + 19)
f) 83 − 66 − (18 − 12 + 7) + 14

3 Berechne die innere Klammer zuerst.
a) 36 + (21 − (24 − 17) + 25) − 66
b) ((46 + 25) − 44) − 19 − (61 − 54)
c) 51 − ((64 − 47) + 28) + 13
d) 64 − 45 − ((72 − 54) − 17) − 14
e) 17 + 45 − (68 + 17 − (24 + 19))

4 Fasse die Subtrahenden zuerst zusammen.
  74 − 18 − 29 − 13
= 74 − (18 + 29 + 13)
= 74 − 60
= 14

a) 138 − 19 − 23 − 31 − 47 − 11
b) 146 − 28 − 14 − 15 − 32 − 46
c) 171 − 55 − 46 − 23 − 15 − 17
d) 215 − 87 − 29 − 17 − 33 − 41
e) 236 − 78 − 31 − 42 − 36 − 39
f) 181 − 41 − 38 − 79 − 5

5 Die Buchstaben der Lösungen nennen dir in der richtigen Reihenfolge einen Bewohner eisiger Regionen.

| 9 \| B | 23 \| I | 11 \| R |
| 95 \| E | 59 \| Ä | 105 \| S |

a) 76 − (24 − 18) − 36 + 19 + 42
b) 76 + 24 − (18 + 36) + 19 − 42
c) 76 + 24 + 18 − (36 + 19) + 42
d) 76 − [24 + 18 − (36 − 19) + 42]
e) [76 − 24 − 18 − (36 − 19) + 42]
f) (76 − 24) + 18 − [(36 − 19) + 42]

6 [●] Setze + und − richtig ein.
5 ☐ 8 ☐ 7 ☐ 12 = 18
5 + 8 − 7 + 12 = 18

a) 17 ☐ 12 ☐ 23 ☐ 11 = 17
b) 48 ☐ 9 ☐ 31 ☐ 17 = 53
c) 37 ☐ 25 ☐ 12 ☐ 24 = 48
d) 52 ☐ 41 ☐ 38 ☐ 12 = 37
e) 63 ☐ 12 ☐ 27 ☐ 46 = 94

7 [●] Setze +; − und Klammern und berechne.
56 ☐ 44 ☐ 37 ☐ 36
56 − (44 − 37) + 36 = ☐

a) Das Ergebnis soll möglichst groß werden.
b) Das Ergebnis soll möglichst klein werden.
c) Das Ergebnis soll 99 betragen.

8 [●] Setze passende Ziffern ein. Es gibt mehrere Lösungen.
☐ + ☐ + ☐ = 20
☐ + ☐ + ☐ = 20
☐ + ☐ + ☐ = 20
☐ + ☐ + ☐ = 60

9 [👥] **Ein Spiel für zwei**
Jeder würfelt abwechselnd vier Zahlen und versucht mit +; − und Klammern einen Rechenausdruck mit den Werten 1 bis 10 zusammenzustellen. Wer zuerst jeden Wert erreicht hat, ist Sieger.

Mathematische Werkstatt

Punkt vor Strich

10 Rechne im Kopf.
7 + 3 · 5 = 7 + 15 = 22
a) 9 + 3 · 4
   17 + 4 · 5
   107 + 9 · 7
b) 16 – 3 · 4
   39 – 6 · 3
   109 – 9 · 11
c) 27 + 24 : 4
   44 + 56 : 8
   132 + 48 : 6
d) 50 – 49 : 7
   85 – 60 : 5
   229 – 110 : 11

11 Berechne.
a) 6 · 3 + 17
b) 6 · 13 – 16
c) 3 · 22 – 11
d) 20 · 4 + 8
e) 4 + 22 · 3
f) 23 · 4 – 52

12 Berechne die Rechenausdrücke. Achte auf eine übersichtliche Darstellung.
  2 · 17 + 3 · 12
= 34 + 36
= 70
a) 27 + 8 · 16 + 7
   9 · 11 + 4 · 13
   8 · 16 – 5 · 12
b) 23 + 18 : 3
   54 – 12 : 4 + 5
   7 · 8 + 56 : 7 – 120 : 4

13 [● 👥] Versucht mit den Rechenzeichen +; –; ·; : und den vorgegebenen Ziffern möglichst viele verschiedene Ergebnisse zu bekommen. Wer findet die meisten?
a) 2 8 10
b) 3 5 15
c) 4 4 5 7
d) 6 6 9 9

3 6 4
6 : 3 + 4 = 6
4 + 3 · 6 = 22
3 · 4 + 6 = 18
...

Klammer vor Punkt vor Strich

14 Rechne im Kopf.
7 · (25 + 5) = 7 · 30 = 210
a) 3 · (7 + 13)
   5 · (9 + 16)
   13 · (78 + 22)
b) 8 · (27 – 15)
   4 · (56 – 36)
   20 · (287 – 89)
c) 60 : (14 + 16)
   150 : (21 + 29)
   200 : (63 + 37)
d) 24 : (48 – 24)
   36 : (21 – 12)
   121 : (73 – 62)

15 Berechne.
a) 4 · (12 + 3) – 6 · 2
b) 9 + 3 · 8 – (14 + 6)
c) 14 · 3 + 2 · (8 + 4)
d) 17 · 2 + (8 – 5) · 3
e) 15 + 5 · 4 – (20 – 15)

16 Berechne. Die Lösung führt nach Süden.

| 12 ǀ A | 474 ǀ A | 305 ǀ D | 1225 ǀ I |
| 7 ǀ L | 231 ǀ M | 179 ǀ N | |

a) 7 · (14 – 3) · (4 + 2 · 6 – 13)
b) 8 + 12 · (14 – 9) – 8 · 7
c) (5 · 3 + 24 · 8 – 32) · 7
d) 43 – 12 · (2 + 45 · 2 – 89)
e) (45 – 3 · 13) · (67 + 2 · 6)
f) (72 – 2 · 9) · 5 – 13 · (16 – 9)
g) (31 + 2 · 7 + 3 · 7 · 5 – 3) · 2 + 11

17 [●] Groß oder klein?
3 ☐ 4 ☐ 5 ☐ 6 =
Setze in die Kästchen die Rechenzeichen +; –; ·; : und, wenn nötig, Klammern ein.
a) Wie musst du die Zeichen einsetzen, um die größte Zahl zu bekommen?
b) Wie bekommst du die kleinste Zahl?
c) Findest du heraus, wie man auf das Ergebnis 42 kommt?
d) Findest du heraus, wie man auf das Ergebnis 77 kommt?

18 [●] Setze die Klammern so, dass das Ergebnis möglichst groß wird.
a) 9 + 9 + 9 · 9
b) 5 + 5 · 5 + 5
c) 1 + 3 · 5 + 7
d) 36 : 4 + 2 · 3
e) 4 · 3 + 2 – 1
f) 4 + 6 · 8 – 2
g) 24 + 48 : 12 : 3
h) 60 – 18 : 6 + 8

19 [●] Welche Zahlen gehören in die Platzhalter?
a) 6 · 5 + ☐ = 40
b) 2 · 5 – 9 : ☐ = 1
c) 24 + 4 · ☐ = 60
d) 5 · ☐ – 36 : 12 = 12
e) ☐ – 3 · 10 = 20
f) 48 : ☐ + 96 : 12 = 16
g) 3 · (18 + ☐) = 75

174

Mathematische Werkstatt

20 [●] Übertrage die Aufgaben in dein Heft und setze Klammern, so dass die vorgegebenen Ergebnisse richtig sind.
a) 3 + 7 · 5   Ergebnis: 50
b) 3 + 6 · 11 − 2   Ergebnis: 81
c) 3 · 3 + 11 · 2   Ergebnis: 40

21 [●●] **Klammerolympiade**
a) [(17 · 6 − 3) · 4 − 96] · 5
   11 · [(45 − 5 · 8) · 2 − 9]
   190 + [6 · (46 + 4 · 8) − 68] · 5
b) (2 · (3 + 4) − (5 − 4) · 3 − 2) · (1 + 2)
   1 + 2 · (3 + 4 · (5 − 4) + 3 · (2 − 1))
   9 − 8 + (7 · (6 − 5) − 4 : (3 − 2)) · 1

22 [●●] Im Jahr 1981 stellte eine Lehrerin ihrer Klasse folgende Aufgabe. Die Kinder, die richtig gerechnet hatten, wunderten sich über das Ergebnis. Wie heißt die Ergebniszahl?

> (19 · 81) + (1 · 9 + 8 · 1) + (198 · 1)
> + (19 · 8 + 1) + (1 + 9 · 8 + 1) = ?

23 [👥] Wir würfeln mit vier Würfeln. Die Augenzahlen sollen so miteinander verknüpft werden, dass das Ergebnis genau 21 beträgt. Ihr dürft +; −; ·; : und Klammer verwenden. Vorsicht, es geht nicht immer!
21 = 3 · 5 + 3 · 2

24 **Zahlenbaukasten**

Die Ziffern, die du auch zu zweistelligen Zahlen kombinieren kannst, und die Rechenarten +; −; ·; : und Klammern sollst du so verknüpfen, dass die Zahlen 1 bis 20 als Ergebnisse auftauchen.
1 = 12 : (4 · 3)
9 = 3 · 4 − 2 − 1

25 [●] **Zahlenzauber**
a) Potenzieren geht vor Addieren.
$1^3 + 5^3 + 3^3 = 153$
Rechne nach.
b) Klammer geht vor Potenzieren. Berechne.
$1^3 + 2^3 = (1 + 2)^2$
$1^3 + 2^3 + 3^3 = (1 + 2 + 3)^2$
$1^3 + 2^3 + 3^3 + 4^3 = (1 + 2 + 3 + 4)^2$

Verteilungsgesetze

26 [●] Schreibe einen Faktor als Summe und berechne dann geschickt im Kopf.
36 · 8 = 30 · 8 + 6 · 8 = 288
a) 23 · 6   b) 61 · 12   c) 102 · 9
   34 · 7   72 · 11   203 · 8
   51 · 9   13 · 81   7 · 510

27 [●] Schreibe einen Faktor als Differenz und berechne dann im Kopf.
49 · 7 = (50 − 1) · 7 = 343
a) 29 · 8   b) 39 · 11   c) 98 · 7
   39 · 9   49 · 12   199 · 6
   48 · 9   13 · 59   4 · 499

28 [●] Berechne geschickt im Kopf. Wie hast du gerechnet?
a) 21 · 8   b) 49 · 7   c) 6 · 102
   31 · 7   39 · 8   8 · 199
   6 · 51   8 · 49   44 · 11

29 [●] Berechne durch Ausmultiplizieren.
8 · (20 + 3) = 8 · 20 + 8 · 3 = 184
a) 5 · (10 + 7)   b) 7 · (10 + 8)
c) 6 · (20 + 6)   d) 4 · (30 + 9)
e) 4 · (25 + 3)   f) 8 · (40 + 3)
g) 12 · (20 + 7)   h) 15 · (30 + 6)

30 [●] Berechne durch Ausklammern.
7 · 23 + 7 · 17 = 7 · (23 + 17) = 280
a) 5 · 17 + 5 · 33   b) 4 · 71 + 4 · 19
c) 6 · 22 + 6 · 48   d) 9 · 14 + 9 · 66
e) 11 · 19 + 11 · 61 f) 95 · 8 + 105 · 8

175

Mathematische Werkstatt

Schriftliche Punktrechnung

Schriftliches Multiplizieren

1. Führe zunächst eine **Überschlagsrechnung** durch.

2. Beginne mit der höchsten Stelle des zweiten Faktors und notiere die einzelnen Teilprodukte jeweils um eine Stelle nach rechts gerückt.

3. Addiere die Teilprodukte.

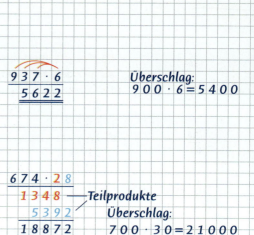

Schriftliches Dividieren

1. Führe zunächst eine **Überschlagsrechnung** durch. Dabei musst du die Zahlen so vereinfachen, dass du leicht im Kopf rechnen kannst.

2. Zerlege die zu teilende Zahl schrittweise und dividiere dann.

3. Geht der letzte Divisionsschritt nicht auf, so notiere den Rest im Ergebnis.

Die Überprüfung des Ergebnisses bei einer Division mit Rest erfordert zwei Rechenschritte.

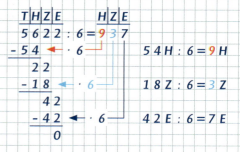

Mathematische Werkstatt

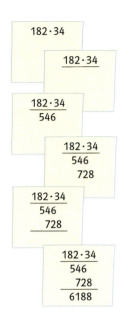

1 Rechne schriftlich.
a) 121 · 4   b) 2314 · 2   c) 12132 · 2
   223 · 3   1221 · 4   31221 · 3
   212 · 4   2212 · 3   21211 · 4
d) 134402 · 2 e) 312 · 20   f) 1223 · 30
   213321 · 3   212 · 40   2443 · 20
   210101 · 4   404 · 20   21221 · 40

2 Berechne. Denke dabei auch immer an die Überschlagsrechnung.
a) 123 · 4   b) 2316 · 3   c) 101312 · 4
   204 · 3   1744 · 2   213461 · 2
   612 · 3   3101 · 7   110171 · 50

3 Setze die fehlenden Zahlen und Faktoren ein.

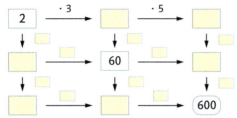

4 a) Wenn man die Werte zweier nebeneinander liegender Steine multipliziert, ergibt sich der Wert im darüber liegenden Stein.

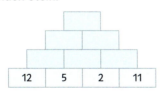

b) Vertausche die Werte in der unteren Reihe. Verändert sich dadurch das Ergebnis? Wie musst du die vier Zahlen anordnen, um das größte Ergebnis zu erhalten? Bei welcher Anordnung erhältst du das kleinste Ergebnis?

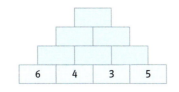

5 Wähle die Reihenfolge der Faktoren so, dass du leicht rechnen kannst.
a) 76 · 110   b) 290 · 53
   11 · 482   65 · 278
   139 · 13   282 · 42
c) 414 · 78   d) 29 · 807
   44 · 287   36 · 9670
   52 · 4663   7 · 36417

6 Berechne der Reihe nach und suche das Lösungswort auf dem Rand.
a) 67 · 87   94 · 58   73 · 58   57 · 38
   74 · 63   83 · 48   48 · 92
   53 · 86   76 · 83   49 · 67
b) 431 · 182 543 · 216 647 · 314
   715 · 246 671 · 513 812 · 631
c) 54 · 212   46 · 324   63 · 223
   513 · 24   426 · 32   529 · 42
   425 · 36   537 · 42

7 Berechne. Wie lauten die Ergebnisse der nächsten Zeile?
a)   1 · 9 + 2   b)   9 · 9 + 7   c)   1 · 9 + 2
    12 · 9 + 3   98 · 9 + 6   21 · 9 + 33
   123 · 9 + 4   987 · 9 + 5   321 · 9 + 444

8 Kreuzzahlrätsel

	1	2		3	
4					
		5	6		7
8					
			9		
	10				

Waagerecht: Senkrecht:
 1) 34 · 47   2) 147 · 38
 5) 217 · 39   3) 24 · 34
 8) 91 · 48   4) 503 · 14
 9) 33 · 23   6) 23 · 212
10) 72 · 13   7) 39 · 87

Lösungen zu Aufgabe 6:

a) 5452 | E   4662 | N
   4234 | G   2166 | E
   4416 | O   4558 | G
   3283 | N   5829 | R
   3984 | B   6308 | E

b) 175890 | I
   512372 | M
   344223 | R
   117288 | C
   203158 | H
    78442 | S

c) 14049 W   22218 T
   22554 R   11448 G
   15300 E   14904 E
   13632 T   12312 I

Mathematische Werkstatt

·	54	76	98
473			
596			
372			
817			
653			
794			
968			

9 Hier wurde falsch gerechnet. Suche die Fehler und rechne richtig.

a) 218 · 31
   654
   218
   872

b) 703 · 42
   2812
   146
   28266

c) 237 · 305
   711
   1185
   8295

d) 620 · 270
   1240
   4340
   16740

10 [●] Berechne die Produkte
108 901 089 · 9 und 109 999 989 · 9.
Schreibe deine Ergebnisse in umgekehrter Ziffernfolge auf und vergleiche sie mit dem 1. Faktor der Produkte.

11 [●] Die Ergebnisse zeigen dir, ob du richtig gerechnet hast.

a) $6^2 - 5^2$
   $56^2 - 45^2$
   $556^2 - 445^2$

b) $3^2 + 6^2$
   $33^2 + 66^2$
   $333^2 + 666^2$

12 [●] Wie lauten die nächsten Aufgaben?

a) 10 · 10 − 9 · 11
   20 · 20 − 19 · 21
   30 · 30 − 29 · 31

b) 15 · 15 − 14 · 16
   24 · 24 − 23 · 25
   37 · 37 − 36 · 38

13 [●] Im Ergebnis taucht jede der Ziffern 1 bis 9 genau einmal auf.

a) 12363^2 b) 11826^2 c) 19023^2
d) 18072^2 e) 20316^2 f) 30384^2

14 [●●] Ersetze die Platzhalter durch die richtigen Ziffern.

a) 439 · ☐7
   1756
   3☐73
   2☐633

b) 2☐9 · 2☐
   478
   ☐☐12
   66☐☐

c) 24☐7 · 6☐☐
   ☐☐☐42
   ☐☐☐8
   ☐☐☐☐
   ☐☐☐☐☐6

d) 6048 · ☐☐☐
   1☐☐☐4
   ☐☐432
   42☐☐☐
   ☐☐☐☐056

Knobelei und Zauberei

15 Setze zwischen den Ziffern den Malpunkt richtig. Suche die richtige Stelle mithilfe einer Überschlagsrechnung und prüfe dann durch Rechnung nach.

a) 8 1 1 8 1 = 65 691
b) 6 9 9 6 1 = 42 639
c) 4 2 4 2 4 = 16 968
d) 5 5 5 5 5 = 30 525

16 Verteile die Ziffern 1; 2; 3; 4; 5 und den Malpunkt so, dass die Rechnung stimmt.

☐ ☐ ☐ ☐ ☐ = 3185

17 Wie geht es wohl weiter? Vermute und rechne nach.

$34^2 = 1156$
$334^2 = 111556$
$3334^2 = 11115556$

18 Berechne 111 111 111 · 111 111 111.
Es geht sehr schnell, wenn du die Regel findest, die sich in der folgenden Aufstellung zeigt. Prüfe nach!

1 · 1   = 1
11 · 11   = 121
111 · 111   = 12321
1111 · 1111 = 1234321

19 Falsch geschrieben und trotzdem richtig gerechnet.

666 · 666	777 · 777
36	49
3636	4949
363636	494949
3636	4949
36	49
443556	603729

Berechne nun 555 · 555 und 5555 · 5555.

20 Berechne.

a) 12 345 679 · 9   b) 12 345 679 · 18
c) 12 345 679 · 36   d) 12 345 679 · 45
e) Kannst du auch ohne zu rechnen das Ergebnis von 12 345 679 · 63 angeben?

178

Mathematische Werkstatt

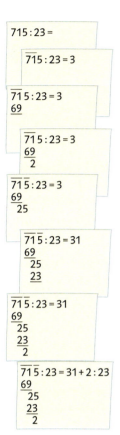

21 Wie oft passt
a) 17 in 84; 63; 56; 112; 98?
b) 23 in 169; 96; 141; 118; 72?
c) 43 in 147; 403; 317; 399; 217?
d) 137 in 842; 603; 947; 491; 217?
e) 643 in 5248; 4395; 4737; 5007?

22 Berechne und führe die Probe durch.
a) 3978 : 17   b) 5658 : 23
   7518 : 21   8996 : 26
   5094 : 18   8118 : 33
c) 23 083 : 41   d) 29 640 : 65
   14 445 : 45   28 684 : 71
   17 595 : 51   39 895 : 79

23 Führe eine Überschlagsrechnung durch, bevor du rechnest.
a) 21 861 : 21   b) 82 246 : 41
   46 184 : 23   53 041 : 59
c) 39 104 : 26   d) 50 904 : 63
   33 759 : 33   64 468 : 71

24 Welche Aufgaben haben einen Rest?
a) 50 327 : 11   b) 17 341 : 17
   50 348 : 11   34 680 : 17
   50 457 : 11   52 021 : 17
   50 505 : 11   56 661 : 17
   50 292 : 11   58 752 : 17
   50 634 : 11   48 704 : 17

25 [●] Die Zahl 157 hat bei der Division durch 10 den Rest 7 und sie hat auch die Endziffer 7.
Untersuche den Zusammenhang zwischen den Endziffern und dem Rest bei der Division. Manchmal gibt es mehrere mögliche Endziffern.
Welche Endziffern haben Zahlen, die bei
a) Division durch 10 den Rest 4 ergeben?
b) Division durch 2 den Rest 1 ergeben?
c) Division durch 5 den Rest 3 ergeben?
d) Division durch 25 den Rest 11 ergeben?
e) Division durch 4 den Rest 1 ergeben?
f) Division durch 8 den Rest 3 ergeben?

26 Vervollständige die Zahlenmauer. Zwei nebeneinander liegende Steine werden multipliziert.
a)
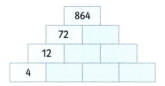

b) [●] Finde eine Lösung, so dass du als Ergebnis 500 erhältst.
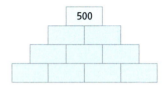

c) [●] Findest du eine Lösung, sodass die Zahlen in der unteren Reihe die Summe 10 oder 11 ergeben?

27 **Kreuzzahlrätsel**

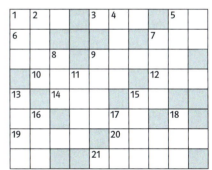

Waagerecht: Senkrecht:
 1) 5535 : 45   1) 10 665 : 79
 3) 50 463 : 89   2) 37 020 : 15
 5) 5808 : 66   4) 72 720 : 12
 7) 21 978 : 33   7) 137 403 : 21
 9) 147 186 : 9   8) 51 285 : 65
12) 27 984 : 66   9) 69 104 : 56
19) 117 128 : 44   11) 117 128 : 44
20) 248 871 : 7   13) 40 293 : 33
21) 160 485 : 13   15) 273 581 : 77
                     16) 43 956 : 66
                     17) 9936 : 23
                     18) 30 525 : 55

179

Mathematische Werkstatt

28 Achte auf die Nullen im Ergebnis.
a) 17 776 : 44 b) 69 316 : 86
   37 989 : 63   19 129 : 47
   103 626 : 171   126 252 : 63
   1 145 144 : 572 2 010 670 : 67

O	T	E	A
670	728	803	484
K	D	R	S
642	325	666	523
B	A		
509	681		

29 Die Lösung am Rand bringt dich schnell voran.
a) 32 949 : 63 b) 54 570 : 85
c) 51 756 : 76 d) 59 696 : 82
e) 53 801 : 67 f) 37 157 : 73
g) 62 980 : 94 h) 31 944 : 66
i) 51 282 : 77 k) 28 600 : 88

30 Vervollständige die Rechennetze in deinem Heft.
a) Kontrolliere dein Ergebnis.

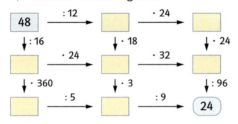

b) Setze verschiedene Zahlen so ein, dass du zur Zielzahl 100 gelangst. Dabei darfst du multiplizieren und dividieren.

31 Die Zettel sind durcheinandergeraten. Welcher gehört wohin?

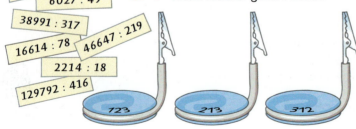

32 [●] Schreibe eine beliebige 3-stellige Zahl zweimal so nebeneinander, dass insgesamt eine 6-stellige Zahl entsteht: 673673
Du wirst feststellen: Diese Zahl ist ohne Rest durch 7; 11 und 13 teilbar.
Probiere, ob dies auch für andere 3-stellige Zahlen gilt.

33 [●●] Wo müssen die Ziffern 1; 2; 3; 4 und 5 stehen und wo das Divisionszeichen, damit die Rechnung stimmt? Rechne zunächst überschlägig.
☐ ☐ ☐ ☐ ☐ = 878

34 [●●] Wo muss links das Divisionszeichen stehen? Überschlage.
a) 4 0 7 2 8   = 509
b) 6 3 0 3 5   = 18
c) 8 5 6 2 1 4 = 4
d) 9 6 5 7 9   = 1073
e) 6 2 5 2 1 2 = 521

35 [●●] In folgenden Rechnungen sind einige Ziffern verlorengegangen. Suche diese Ziffern!

a)
```
 1☐784 : 7 1 = 2☐
− 1482
   29☐☐
 − 2☐☐4
      0
```

b)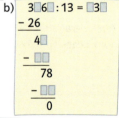

c)
```
 228☐☐0 : ☐57 = 8☐0
− 2☐☐☐
   2313
 − ☐☐☐☐
      000
    − ☐☐☐
         0
```

180

Mathematische Werkstatt

Punkte, Strecken und Geraden

Das Wort **Geometrie** ist griechisch. Übersetzt heißt es Erdmessung. Gemeint ist damit die Vermessung von Bauwerken und Grundstücken. Die ältesten Urkunden über geometrische Kenntnisse stammen aus Ägypten und dem Zweistromland zwischen Euphrat und Tigris. Was die Griechen danach in 500 Jahren zusammentrugen und herausfanden, hat *Euklid* in einem großen Lehrbuch niedergeschrieben.

Punkte und Strecken
Die kürzeste Verbindung zwischen zwei **Punkten** nennt man eine **Strecke**. Du kannst sie mit einer Schnur spannen oder mit dem Lineal oder dem Geodreieck zeichnen.

Die Länge einer Strecke kannst du messen.

Die Fahrstrecke, z. B. von Köln nach Düsseldorf, ist keine Strecke im mathematischen Sinne.

Wir bezeichnen die Verbindungsstrecke der Punkte A und B mit $\overline{AB}$.

Punkte werden mit großen Buchstaben bezeichnet.

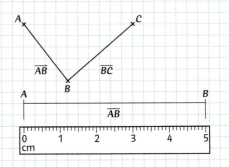

$\overline{AB} = 5\ cm$

Geraden
Denkt man sich eine Strecke in beiden Richtungen beliebig weit verlängert, so entsteht eine **Gerade**. Man sagt, Geraden sind unbegrenzt, sie haben keinen Anfang und kein Ende.

Zwei Geraden können sich höchstens in einem Punkt schneiden, dem **Schnittpunkt**.

Geraden werden mit kleinen Buchstaben bezeichnet.

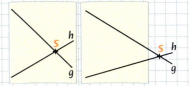

Der Schnittpunkt kann auch außerhalb liegen.

Abstand und Entfernung
Die Punkte A, B, C, D … der Geraden g haben vom Punkt P unterschiedliche **Entfernungen**. Die kürzeste Entfernung ist auf der Strecke $\overline{PC}$ abzulesen. Dies ist der **Abstand** zwischen der Geraden g und dem Punkt P.
Der Abstand wird auf der Strecke abgelesen, die P **senkrecht** mit g verbindet.

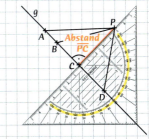

181

Mathematische Werkstatt

1 Der Gärtner spannt Schnüre, bevor er die Setzlinge pflanzt. Warum wohl?

2 Wie viele Geraden und wie viele Strecken enthält die Figur?

a) 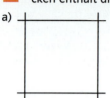   b)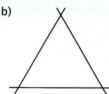

c) 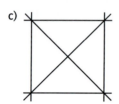   d)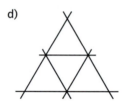

3 Übertrage die Punkte ins Heft und zeichne alle Verbindungsstrecken.

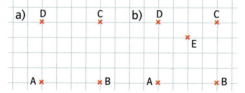

4 Übertrage die Punktfigur nach Augenmaß möglichst groß ins Heft.
a) Zeichne alle Verbindungsstrecken ein. Wie viele sind es? Wie kannst du das auch ohne abzuzählen herausfinden?

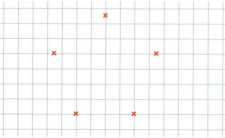

b) [●] Wie viele Verbindungsstrecken gibt es in einem 20-Eck. Überlege dazu, wie viele Strecken an jedem Punkt beginnen oder enden.

5 a) Übertrage die Figuren in dein Heft.

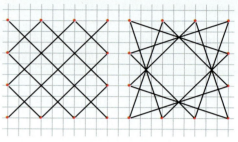

b) [👥] Stellt euch dazu gegenseitig Aufgaben: „Wie viele Parallelen, Quadrate, Dreiecke…gibt es."

6 Schätze die Längen der Strecken $\overline{AB}$ und $\overline{BC}$. Miss dann die Längen nach.

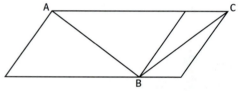

7 Übertrage diese Punkte ins Heft.

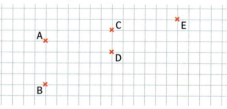

a) Zeichne zwei Geraden so ein, dass alle Punkte erfasst sind.
b) In welchem Punkt schneiden sich die beiden Geraden?
c) Durch die Punkte A bis E entstehen auf der Geraden Teilstrecken. Gib die Längen aller sechs Teilstrecken an.

8 Wie viele Schnittpunkte haben die Geraden a, b und c?

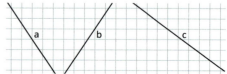

Mathematische Werkstatt

9 a) Zeichne vier Geraden g, h, i und k, sodass du fünf Schnittpunkte erhältst.
b) Zeichne sechs Geraden mit möglichst vielen Schnittpunkten.

10 1 cm auf dieser Atlaskarte ist in Wirklichkeit 15 km.
a) Entnimm der Karte die Entfernungen (Luftlinie): Bielefeld – Paderborn, Münster – Bochum, Hamm – Marsberg, Arnsberg – Detmold, Lippstadt – Dülmen.
b) Warum sind die Angaben im Autoatlas größer als deine Werte?

11 [●] Ein Pfannkuchen wird durch drei geradlinige Schnitte von Rand zu Rand zerteilt. Wie viele Stücke können dabei entstehen? Zeichne ins Heft.

12 Schaffst du es, die neun Punkte durch vier in einem Zug gezeichnete Strecken zu verbinden? Die Strecken müssen nicht in den Punkten enden.

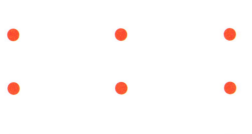

13 **Fadenbilder basteln**
Für diese schönen Bilder benötigst du ein Stück Karton, eine Nadel und einen bunten Wollfaden. Zeichne auf den Karton eine Figur. Der Rand der Figur wird dann mit der Nadel gelocht. Nun kannst du die Löcher mit dem Wollfaden verbinden.
Je genauer du arbeitest, desto schöner wird das Ergebnis.

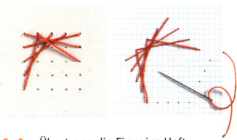

14 Übertrage die Figur ins Heft. Zeichne durch den Punkt A eine Gerade i senkrecht zu g.
Zeichne durch den Punkt B eine Gerade k senkrecht zu h.

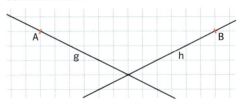

15 Übertrage die Figur in dein Heft und bestimme dann jeweils den Abstand der Punkte P, Q, R und S von der Geraden g.
Tipp: Die Zeichnung benötigt nach oben viel Platz.

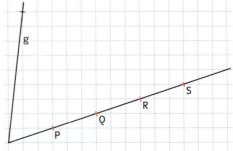

Lösungen

[einfach]   [mittel]   [schwieriger]

Test Seite 26

1 Anzahl der Ausleihen:
JG 5: 39; JG 6: 38; JG 7: 36
Am beliebtesten:
JG 5: Springseil (11 Ausleihen)
JG 6: Inliner (9 Ausleihen)
JG 7: Softball (12 Ausleihen)
Am unbeliebtesten:
JG 5: Softball/Inliner (je 3 Ausleihen)
JG 6: Stelzen (3 Ausleihen)
JG 7: Stelzen/Indiaca (je 2 Ausleihen)
**Tipp: Zähle zuerst alle Fünfer-Blöcke, fasse auch den Rest beim Zählen immer zu Fünfer-Blöcken zusammen.
Bearbeite auf S. 10, Nr. 2 und auf S. 11, Nr. 3 und Nr. 4.**

1

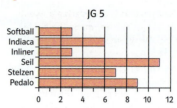

JG 5 unterscheidet sich am stärksten von JG 7 bei den Außenspielen Softball, Inliner und Pedalo.
**Tipp: Überlege dir vor dem Zeichnen, wie viel Platz du für die Achsen benötigst (siehe S. 15, Kasten).
Bearbeite auf S. 12, Nr. 1 und Nr. 2.**

1 Darstellung im Säulendiagramm (alternativ: Balkendiagramm):

Tipp: Zähle zuerst alle Fünfer-Blöcke, fasse auch den Rest beim Zählen immer zu Fünfer-Blöcken zusammen. Überlege dir vor dem Zeichnen, wie viel Platz du für die Achsen benötigst (siehe S. 15, Kasten). Bearbeite auf S. 12, Nr. 1 und Nr. 2 und auf S. 13, Nr. 4c und Nr. 6.

2 4 Kinder haben Hunde, 8 Kinder Katzen, gesamt: 12 Kinder haben Hunde oder Katzen.
3 Mädchen haben Mäuse, kein Junge besitzt eine Maus.
Bearbeite auf S. 13, Nr. 4a.

2 13 Kinder haben Käfigtiere (Hasen, Kaninchen, Mäuse, Vögel).
Bei den Mädchen leben 15 Tiere bzw. Tiergruppen. Bei den Jungen leben 14 Tiere bzw. Tiergruppen, also weniger als bei den Mädchen.
Bearbeite auf S. 13, Nr. 4a und Nr. 7.

2 Insgesamt: 29 Tiere oder Tiergruppen. 23 Kinder haben Tiere, 5 Kinder haben kein Tier.

Mädchen:		Jungen:	
Hasen/Kaninchen	4	Katzen	5
Katzen	3	Fische	3
Mäuse	3	Hasen/Kaninchen	3
Hunde	2	Hunde	2
Vögel	2	Vögel	1
Fische	1	Mäuse	0

**Tipp: Zähle erst alle Anzahlen für die Tierarten zusammen und überlege dann mit den Informationen aus der Aufgabe, wie viele Kinder Tiere haben. Der Rest der Klasse hat dann keine Tiere.
Bearbeite auf S. 13, Nr. 4 und Nr. 7.**

3 Der Amazonas ist etwa 6400 km lang.
Lies S. 14 und bearbeite Nr. 1 und 2.

3 Runden auf Tausender: Bochum hat etwa 325 000 Einwohner, oder: Runden auf Zehntausender: Bochum hat etwa 320 000 Einwohner.
**Tipp: Bevor du die Rundungsstelle festlegst, überlege dir: „Wie genau müssen die Angaben sein?" „Wie kann man sich die Angaben gut merken?" „Wie kann man die Zahlen gut vergleichen?"
Lies hierzu S. 14 und bearbeite auf S. 15, Nr. 4 und 5.**

3 Runden auf Hunderttausender: Deutschland hat ca. 82 500 000 Einwohner. Runden auf Millionen: Deutschland hat ca. 83 000 000 Einwohner. Nordrhein-Westfalen (größtes Bundesland) hat ca. 19 000 000 Einwohner; Bremen (kleinstes Bundesland) hat ca. 660 000 (700 000) Einwohner.
Tipp: Bevor du die Rundungsstelle festlegst, überlege dir: „Wie genau müssen die Angaben sein?" „Wie kann man sich die Angaben gut merken?" „Wie kann man die Zahlen gut vergleichen?" Lies hierzu S. 14 und bearbeite auf S. 15, Nr. 5.

184

Lösungen

[einfach]

4 Kosta 1,48 m; Uwe 1,46 m; Karin 1,43 m; Heinz 1,40 m; Inge 1,40 m; Nico 1,39 m; Vera 1,38 m; Nora 1,37 m
Spannweite: 11 cm (1,48 m – 1,37 m)
Zentralwert: 1,40 m
Tipp: Der Zentralwert berechnet sich aus der Summe der zwei mittleren Werte, geteilt durch 2.
Bearbeite auf S. 18, A1 und A2.

5 69 Tage
Tipp: Finde erst die Monatslängen heraus (März hat 31 Tage; April hat 30 Tage). Berechne dann die Zeitspanne: 31 – 4 + 30 + 12 = 69.
Bearbeite auf S. 21, A2 und A4.

[mittel]

4 a) Werte ordnen: 34 kg; 36 kg; 38 kg; 39 kg; 44 kg; 44 kg; 45 kg; 47 kg
Spannweite: 13 kg (47 kg – 34 kg)
Zentralwert: 41,5 kg
b) Möglichkeit 1: 4 Kinder wiegen weniger als 39 kg, 4 Kinder mehr. Die beiden mittleren Werte weichen dann gleich weit nach oben und unten vom Zentralwert 39 kg ab.
Möglichkeit 2: Alle Kinder wiegen 39 kg.
Möglichkeit 3: Mindestens die beiden mittleren Werte der Rangliste sind 39 kg, höchstens 3 Werte liegen darunter bzw. darüber.
Tipp: Der Zentralwert berechnet sich aus der Summe der zwei mittleren Werte, geteilt durch 2.
Bearbeite auf S. 19, A3 und A4.

5 110 Tage
Tipp: Im Schaltjahr hat der Februar 29 Tage. Finde erst die Monatslängen heraus, berechne dann die Zeitspanne.
Bearbeite auf S. 22, A5 bis A7.

[schwieriger]

4 A: Spannweite: 59 cm; Zentralwert: 3,00 m
B: Spannweite: 59 cm; Zentralwert: 3,00 m
Beide Gruppen besitzen gleiche Werte. Gruppe A besitzt größere Extremwerte. Nimmt man bei beiden Gruppen den größten Wert weg, hat Gruppe A den größeren Zentralwert (A: 2,96 m; B: 2,94 m). Nimmt man den kleinsten Wert weg, hat Gruppe B den größeren Zentralwert (B: 3,06 m; A: 3,04 m).
Tipp: Bei dieser Aufgabe ist es wichtig zu erkennen, dass alleine mit der Spannweite und dem Zentralwert noch keine Aussagen über das Abschneiden einer Gruppe zu machen sind. Wenn nötig, müssen die einzelnen Werte betrachtet und verglichen werden.
Bearbeite auf S. 19, A5 und A6.

5 Die Schule beginnt am 21.8.
Tipp: Hier muss ein Zeitpunkt berechnet werden. Berechne erst, wie viele Tage bis zum Monatsende Juli fehlen, die verbleibende Zeitspanne sind die Tage im August.
Bearbeite auf S. 22, A8, A9 und A11.

Test Seite 46

1 a) So könnte die Lösung aussehen:

b) Jedes Kind bekommt 2 Drittel Pfannkuchen oder $\frac{2}{3}$ Pfannkuchen.
Lies S. 30 und bearbeite auf S. 28, A2 und auf S. 29, A6.

1 a) So könnte die Lösung aussehen:

1)

2)

b) Jedes Kind bekommt $\frac{2}{3}$ Pfannkuchen oder $\frac{1}{2} + \frac{1}{6}$ Pfannkuchen.
Lies S. 30 und bearbeite auf S. 28, A3, A4 und auf S. 29, A5, A6.

1 a) So könnte die Lösung aussehen:

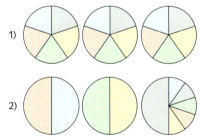

b) Jedes Kind bekommt $\frac{2}{5}$ Pfannkuchen oder $\frac{1}{2} + \frac{1}{10}$ Pfannkuchen.
Lies S. 30 und bearbeite auf S. 28, A3, A4 und auf S. 29, A5, A7.

Lösungen

[einfach]

2 a) 1) $\frac{1}{5}$ 2) $\frac{5}{8}$
Bearbeite auf S. 31, A5, A6 und auf S. 32, A14, A15.
b) Es gibt mehrere Möglichkeiten der Einteilung, eine ist hier dargestellt:

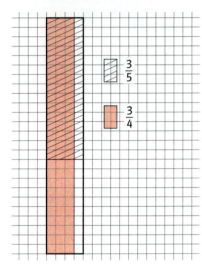

Bearbeite auf S. 32, Nr.12 und 13 und auf S. 33, Nr. 20.

3 Man bekommt gleich viel. Zwei mögliche Begründungen sind:
1) Die halbe Pizza kann man in zwei Viertel zerlegen, dann sind es jedes Mal drei Viertel Pizza.
2) Wenn man zwei Viertel zusammenlegt, erhält man ein Halbes. Beide bekommen also eine halbe und eine Viertel Pizza.
Bearbeite auf S. 37, Nr.1 bis 3.

4 Weiße Karten: $\frac{4}{9} < \frac{1}{2}$
Grüne Karte: $\frac{4}{10}$ ist kleiner als $\frac{4}{9}$, da Zehntelstücke kleiner als Neuntelstücke sind.
Weitere Möglichkeiten: $\frac{3}{10}$ oder $\frac{2}{10}$ oder $\frac{1}{10}$.
Rote Karte: $\frac{3}{4}$ (oder $\frac{4}{4}$ oder $\frac{5}{4}$ usw.) sind größer als ein Halbes.
Tipp: Benutze die Bruchstreifen zum Vergleichen. Lies den Kasten auf S. 39 und bearbeite die Aufgaben.

5 A: $\frac{3}{4}$ B: $\frac{1}{8}$
Bearbeite auf S. 40, Nr.16 bis 18.

[mittel]

2 a) 1) $\frac{5}{6}$ 2) $\frac{1}{6}$
Tipp: Durch Einzeichnen von Hilfslinien lassen sich die Einteilungen besser erkennen.
Bearbeite auf S. 31, A5 bis A8 und auf S. 32, A14, A15.
b) Es gibt mehrere Möglichkeiten der Einteilung, eine ist hier dargestellt:

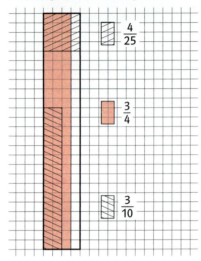

Bearbeite auf S. 32, Nr.12 bis 15 und auf S. 33, Nr.17 und 20.

3 Man bekommt nicht gleich viel. Zwei mögliche Begründungen sind:
1) Wenn man im Bild 1 ein Viertel von dem größeren Stück abzieht, bleibt weniger als eine halbe Pizza. Wenn man im Bild 2 ein Viertel abzieht, bleibt genau eine halbe Pizza übrig.
2) Wenn man das Viertel im Bild 1 zu dem großen Stück hinzufügt, ist es mehr als die drei Viertel im Bild 2.
Bearbeite auf S. 37, Nr.1 bis 3.

4 Weiße Karten: $\frac{4}{9} < \frac{1}{2} < \frac{5}{8}$
Grüne Karte: $\frac{1}{4}$, weil $\frac{4}{9}$ fast ein Halbes ist, $\frac{1}{4}$ ist die Hälfte eines Halben.
Rote Karte: $\frac{4}{6}$, weil $\frac{5}{8}$ ein Achtel mehr als die Hälfte ist, $\frac{4}{6}$ ist ein Sechstel mehr als die Hälfte. Ein Sechstel ist größer als ein $\frac{1}{8}$.
Weitere Möglichkeiten: $\frac{5}{6}$ oder $\frac{6}{6}$ usw.
Tipp: Benutze die Bruchstreifen zum Vergleichen. Lies den Kasten auf S. 39 und bearbeite die Aufgaben.

5 A: $\frac{3}{5}$ B: $\frac{9}{10}$
Bearbeite auf S. 40, Nr.16 bis 18.

[schwieriger]

2 a) 1) $\frac{5}{8}$ 2) $\frac{6}{8} = \frac{3}{4}$
Tipp: Durch Einzeichnen von Hilfslinien lassen sich die Einteilungen besser erkennen.
Bearbeite auf S. 31, A5 bis A8 und auf S. 32, A14, A15.
b) Es gibt mehrere Möglichkeiten der Einteilung, eine ist hier dargestellt:

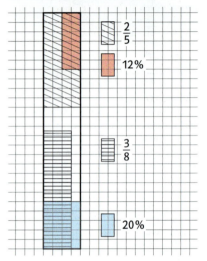

Bearbeite die Aufgaben auf S. 33 und S. 41.

3 Man bekommt gleich viel. Zwei mögliche Begründungen sind:
1) Wenn man im Bild 1 die beiden Teile zusammenklappt, ergibt sich eine Pizza, bei der $\frac{2}{6}$ fehlen. Das ist dasselbe wie im Bild 2.
2) Wenn man alles in Sechstel einteilt, bekommt man in beiden Bildern $\frac{4}{6}$.
Bearbeite auf S. 37, Nr.1 bis 3.

4 Weiße Karten: $\frac{4}{9} < \frac{5}{10} < \frac{3}{4} < \frac{4}{5}$
Grüne Karte: $\frac{3}{8}$
Rote Karte: $\frac{6}{7}$, weil bei $\frac{6}{7}$ ein Siebtel zum Ganzen fehlt, bei $\frac{4}{5}$ fehlt ein Fünftel. Ein Fünftel ist mehr als ein Siebtel. Weitere Möglichkeiten: $\frac{7}{7}$ oder $\frac{8}{7}$ usw.
Tipp: Benutze die Bruchstreifen zum Vergleichen. Lies des Kasten auf S. 39 und bearbeite die Aufgaben.

5 A: $\frac{2}{5}$ B: $\frac{9}{10}$ C: $1\frac{2}{5}$
Bearbeite auf S. 40, Nr.16 bis 18.

Lösungen

[einfach] [mittel] [schwieriger]

Test Seite 74

1 a)

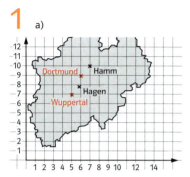

b) Hamm (7|10)
Tipp: Die erste Zahl der Koordinate (Rechtswert) gibt an, wie viele Kästchen du auf der Rechtsachse, die zweite Zahl (Hochwert) gibt an, wie viele Kästchen du auf der Hochachse gehst (siehe S. 51).

2 a) Gesamtstrecke 142 km
b) 67,8 km − 21,3 km = 46,5 km
Die Strecke von Wuppertal nach Hagen ist 46,5 km kürzer als die von Hamm nach Bielefeld.
Tipp: Wenn du Strecken schriftlich addieren oder subtrahieren willst, musst du Komma unter Komma schreiben (siehe S. 57). Die Stellenwerttafel (siehe S. 55) oder eine Überschlagsrechnung kann dabei hilfreich sein (siehe S. 58, Kasten).

3 a) Fahrzeit von Hagen nach Bielefeld: 1 h 11 min.
b) Bielefeld − Hamm: 25 min
Abfahrt: 17.46 Uhr; Ankunft: 18.11 Uhr
**Tipp: Zeitspannen kannst du leichter berechnen, wenn du die Rechnung für volle Stunden und Minuten getrennt voneinander ausführst. Bearbeite die Aufgaben auf S. 66.
Ankunftszeiten kannst du leichter berechnen, wenn du erst bis zur vollen Stunde rechnest und dann die Differenz der Zeitspannen addierst. Bearbeite auf S. 67, A7 und A9.**

1 a)

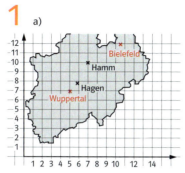

b) Hagen etwa (6|8)
Tipp: Die erste Zahl der Koordinate (Rechtswert) gibt an, wie viele Kästchen du auf der Rechtsachse, die zweite Zahl (Hochwert) gibt an, wie viele Kästchen du auf der Hochachse gehst (siehe S. 51).

2 a) 284 km
b) 23,6 km + 29,3 km = 52,9 km
   67,8 km − 52,9 km = 14,9 km
Die Strecke von Hagen nach Hamm ist 14,9 km kürzer als die von Hamm nach Bielefeld.
Tipp: Wenn du Strecken schriftlich addieren oder subtrahieren willst, musst du Komma unter Komma schreiben (siehe S. 57). Die Stellenwerttafel (siehe S. 55) oder eine Überschlagsrechnung kann dabei hilfreich sein (siehe S. 58, Kasten).

3 a) Gesamtfahrzeit: 1 h 28 min
b) Bielefeld − Dortmund: 43 min
Abfahrt: 17.46 Uhr; Ankunft: 18.29 Uhr
**Tipp: Zeitspannen kannst du leichter berechnen, wenn du die Rechnung für volle Stunden und Minuten getrennt voneinander ausführst. Bearbeite die Aufgaben auf S. 66.
Ankunftszeiten kannst du leichter berechnen, wenn du erst bis zur vollen Stunde rechnest und dann die Differenz der Zeitspannen addierst. Bearbeite auf S. 67, A7 und A9.**

1 a)

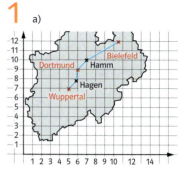

b) Hamm (7|10); Hagen etwa (6|8)
Tipp: Die erste Zahl der Koordinate (Rechtswert) gibt an, wie viele Kästchen du auf der Rechtsachse, die zweite Zahl (Hochwert) gibt an, wie viele Kästchen du auf der Hochachse gehst (siehe S. 51).

2 a) 284 km
b) 23,6 km − 21,3 km = 2,3 km
   29,3 km − 23,6 km = 5,7 km
   67,8 km − 29,3 km = 38,5 km
Der erste Streckenabschnitt ist 2,3 km kürzer als der zweite, der zweite 5,7 km kürzer als der dritte und der dritte 46,5 km kürzer als der vierte.
Tipp: Wenn du Strecken schriftlich addieren oder subtrahieren willst, musst du Komma unter Komma schreiben (siehe S. 57). Die Stellenwerttafel (siehe S. 55) oder eine Überschlagsrechnung kann dabei hilfreich sein (siehe S. 58, Kasten).

3 a) Gesamtfahrzeit: 1 h 28 min
1. Abschnitt: 17 min; 2. Abschnitt: 28 min; 3. Abschnitt: 18 min; 4. Abschnitt: 25 min
b) Bielefeld − Wuppertal: 1 h 28 min
Abfahrt: 17.46 Uhr; Ankunft: 19.14 Uhr
**Tipp: Zeitspannen kannst du leichter berechnen, wenn du die Rechnung für volle Stunden und Minuten getrennt voneinander ausführst. Bearbeite die Aufgaben auf S. 66.
Ankunftszeiten kannst du leichter berechnen, wenn du erst bis zur vollen Stunde rechnest und dann die Differenz der Zeitspannen addierst.
Bearbeite auf S. 67, A7, A9 und A13.**

Lösungen

[einfach]

4 a) um 13.30 Uhr
b) 2 h 45 min

Tipp: Lies die Zeitpunkte an der Rechtsachse ab, indem du erst waagerecht zum Graphen, dann senkrecht nach unten gehst. Die Fahrzeit des Zuges ist die Zeitspanne zwischen der Abfahrtszeit an Ort A und Ankunftszeit an Ort B.
Bearbeite auf S. 70, A2 bis A4.

[mittel]

4 So ähnlich könnte dein Text lauten:
Um 12 Uhr fährt der Zug los und erreicht nach einer halben Stunde seinen nächsten, in 40 km Entfernung liegenden, Halt. Nach 15 min hat er um 12.45 Uhr weitere 40 km bis zur nächsten Bahnstation hinter sich gebracht. Nach einem Aufenthalt von $7\frac{1}{2}$ min fährt er weiter zur 60 km entfernten nächsten Station, die er um 13.30 Uhr erreicht.

Tipp: Weg-Zeit-Diagramme lassen sich leichter lesen, wenn man sich bestimmte wichtige Punkte genauer ansieht. Dabei helfen Fragen wie: „Was passiert zu einem bestimmten Zeitpunkt?" „Wo ist der Anfangs-, wo der Endpunkt?" „Was bedeutet es, wenn der Verlauf des Graphen sich ändert?" usw.
Bearbeite auf S. 69, A1.

[schwieriger]

4 a)

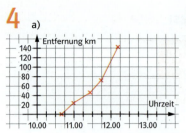

b) Der IC fuhr zwischen Hagen und Dortmund am langsamsten – dort ist der Linienverlauf am flachsten und zwischen Hamm und Bielefeld am schnellsten – hier ist der Linienverlauf am steilsten.

Tipp: Weg-Zeit-Diagramme lassen sich leichter zeichnen, wenn man sich bestimmte wichtige Punkte genauer ansieht. Dabei helfen Fragen wie: „Was passiert zu einem bestimmten Zeitpunkt?" „Wo ist der Anfangs-, wo der Endpunkt?" „Was bedeutet es, wenn der Verlauf des Graphen sich ändert?" usw.
Bearbeite auf S. 70, A5 und A6.

Test Seite 96

1 Der Körper hat 8 Ecken, 12 Kanten und 6 Flächen. Die Flächen sind alle rechteckig, gegenüberliegende Flächen sind gleich. Von den 12 Kanten sind jeweils 4 gleich lang und parallel zueinander. In einer Ecke stoßen immer 3 Kanten aufeinander. Zwei Kanten, die aneinanderstoßen, sind immer senkrecht zueinander. Der Körper heißt Quader.
Lies hierzu S. 77.

1 Der Körper hat 10 Ecken, 15 Kanten und 7 Flächen. Die Grund- und Deckfläche sind Fünfecke mit gleicher Form und Größe. Die 5 Flächen an der Seite sind Rechtecke. Die 5 Kanten in der Mitte sind alle parallel zueinander, jeweils eine Kante oben und unten auch. Die Kanten in der Mitte stehen senkrecht zu den Kanten oben und unten. Der Körper heißt Prisma mit fünfeckiger Grundfläche. **Lies hierzu S. 77.**

1 Der Körper besteht aus zwei aufeinandergesetzten Pyramiden mit quadratischer Grundfläche. Er hat 6 Ecken, 12 Kanten und 8 Flächen, die alle dreieckig sind. An jeder Ecke stoßen 4 Kanten zusammen. In der Mitte sind die gegenüberliegenden Kanten parallel und benachbarte Kanten senkrecht zueinander. Die Aussage stimmt: 6 + 8 = 12 + 2.
Lies hierzu den Kasten auf S. 79.

2 Es gibt mehrere Möglichkeiten, das Netz zu zeichnen.

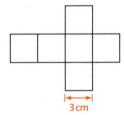

Tipp: Prüfe parallele und senkrechte Strecken mit dem Geodreieck nach (siehe S. 85). Das ausgeschnittene Netz muss sich zu einem Würfel falten lassen. Bearbeite auf S. 82, Nr. 2 und 3.

2 Es gibt mehrere Möglichkeiten, das Netz zu zeichnen.

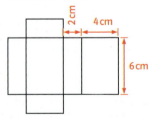

Tipp: Prüfe parallele und senkrechte Strecken mit dem Geodreieck nach (siehe S. 85).
Bearbeite auf S. 82, Nr. 4 und 7.

2 Es gibt mehrere Möglichkeiten, das Netz zu zeichnen.

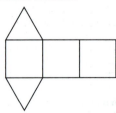

Tipp: Um ein Dreieck mit gleich langen Seiten zu zeichnen, zeichne eine Senkrechte zur Seitenmitte der Dreiecksseite. Der dritte Eckpunkt des Dreiecks muss auf dieser Senkrechten liegen.

Lösungen

[einfach]

3
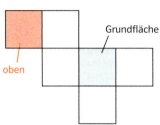
oben, Grundfläche

Tipp: Übertrage das Netz zur Kontrolle, schneide es aus und lege es zu einem Würfel zusammen.
Bearbeite die Aufgaben auf S. 83.

4
f ∥ d; c ∥ e
a ⊥ f; a ⊥ d; b ⊥ e; b ⊥ c

Tipp: Mithilfe des Geodreiecks kannst du prüfen, ob Geraden senkrecht oder parallel zueinander sind (siehe S. 85).

5
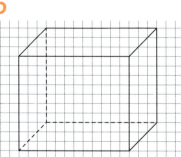

Tipp: Wenn die Kästchenzahlen stimmen, hat der Würfel die richtigen Maße.
Siehe hierzu S. 92.

[mittel]

3
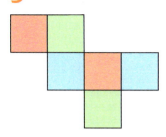

Tipp: Übertrage das Netz zur Kontrolle, schneide es aus und lege es zu einem Würfel zusammen.
Bearbeite die Aufgaben auf S. 83.

4
Parallel: AF ∥ CD; FD ∥ AC; BF ∥ CE; AE ∥ BD; BC ∥ FE; AB ∥ ED; AB ∥ FC ∥ ED
Senkrecht: AB ⊥ BD; AE ⊥ AB; DE ⊥ AE; BD ⊥ DE; AE ⊥ FC; BD ⊥ FC

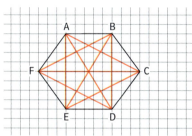

Tipp: Mithilfe des Geodreiecks kannst du prüfen, ob Geraden senkrecht oder parallel zueinander sind (siehe S. 85).

5
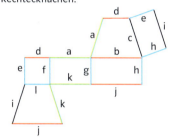

Tipp: Wenn die Kästchenzahlen stimmen, hat der Quader die richtigen Maße.
Siehe hierzu S. 92.

[schwieriger]

3
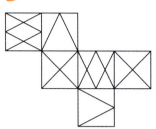

Tipp: Übertrage das Netz zur Kontrolle, schneide es aus und lege es zu einem Würfel zusammen.
Bearbeite die Aufgaben auf S. 83.

4
Parallel: e ∥ f ∥ g ∥ h; d ∥ l ∥ b ∥ j; c ∥ i; a ∥ k
Senkrecht: benachbarte Kanten in den Rechteckflächen.

Tipp: Vergleiche deine Lösungen anhand eines geeigneten Modells.

5
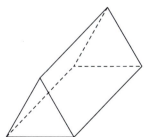

Siehe hierzu S. 92.

Lösungen

[einfach]   [mittel]   [schwieriger]

Test Seite 120

[einfach]

1 a) 20 € − 14 € = 6 €;
Probe: 14 € + 6 € = 20 €
20 € − 18,50 € = 1,50 €;
Probe: 18,50 € + 1,50 € = 20 €
b) 20 € − 9,75 € = 10,25 €;
20 € − 12,80 € = 7,20 €
Tipp: Wandle bei der gemischten Schreibweise zuerst in die Kommaschreibweise um. Subtrahiere dann, indem du Komma unter Komma schreibst. Bearbeite auf S. 101, Nr. 11 und 12 und auf S. 102, Nr. 14 und 15.

2 Die Dosen kosten in der Woche 7,35 € (1,05 € · 7 = 7,35 €).
Tipp: Wandle vor dem Multiplizieren erst in Cent um. Ein Überschlag zeigt dir, ob du richtig gerechnet hast oder das Komma richtig gesetzt hast. Bearbeite auf S. 103, Nr. 3 und auf S. 104, Nr. 5.

3 Überschlag: 75 € − 71 € = 4 €
Rechnung: 75 € − 70,80 € = 4,20 €
Tipp: Subtrahiere Geldbeträge, indem du Komma unter Komma schreibst. Bearbeite auf S. 104, Nr. 12.

4 a) 500 ml Milch
b) 1500 kg Heu
c) 750 g Brot
Bearbeite auf S. 109, Nr. 4 und auf S. 110, Nr. 12.

[mittel]

1 50 € − 47,18 € = 2,82 €;
50 € − 3,89 € = 46,11 €
b) 50 € − 22,90 € = 27,10 €;
50 € − 16,05 € = 33,95 €
Die Probe kannst du mit der Gegenrechnung durchführen.
Tipp: Wandle bei der gemischten Schreibweise zuerst in die Kommaschreibweise um. Subtrahiere dann, indem du Komma unter Komma schreibst. Bearbeite auf S. 101, Nr. 11 und 12 und auf S. 102, Nr. 14 und 15.

2 1 Kauröllchen kostet 0,29 €. 2 Kauröllchen kosten 0,58 € (2 · 0,29 €).
1 Dose Futter kostet 1,05 €. 200 g Trockenfutter kosten 1,17 € (1000 g kosten 5,85 €, 200 g kosten 5,85 € : 5).
Felix frisst für 2,80 € täglich.
Tipp: Wandle vor dem Multiplizieren bzw. Dividieren erst in Cent um. Ein Überschlag zeigt dir, ob du richtig gerechnet hast oder das Komma richtig gesetzt hast. Bei der Berechnung der Trockenfutterpreises hilft dir der Dreisatz (siehe S. 107, A4).
Bearbeite auf S. 103, Nr. 3 und 4.

3 a) Überschlag: 11 : 5 = 2,20 €
Rechnung: 11,25 : 5 = 2,25 €
b) Ein Ball kostet nach der Preiserhöhung 2,50 €. Dann kosten die 5 Bälle zusammen 12,50 €.
Tipp: Wandle vor dem Multiplizieren bzw. Dividieren erst in Cent um. Bearbeite auf S. 104, Nr. 10 und 11.

4 a) 750 ml Saft
b) 1,5 kg Brot (1 Pfund = $\frac{1}{2}$ kg)
c) 4750 g Mehl
Bearbeite auf S. 109, Nr. 4 und auf S. 110, Nr. 12.

[schwieriger]

1 a) stimmt
b) stimmt nicht, es wurde 9 ct zu viel zurückgegeben.
Tipp: Die Überprüfung, ob das Rückgeld stimmt, erfolgt durch Addition der Summe mit dem Rückgeld.
Bearbeite auf S. 101, Nr. 8, 9 und Nr. 12 bis 14.

2 Variante 1: Kauf für 1 Monat
2 · 12 Dosen = 24 Dosen
24 · 0,89 € = 21,36 € + 1 · 6 Dosen + 6 · 1,05 € = 6,30 €
Summe: 27,66 € im Monat
Ersparnis: 30 · 1,05 € = 31,50 €;
31,50 € − 27,66 € = 3,84 €
Variante 2: Kauf für 2 Monate (60 Tage)
5 · 12 Dosen = 60 Dosen
60 · 0,89 € = 53,40 €
53,40 € : 2 = 26,70 € im Monat
Ersparnis: 31,50 € − 26,70 € = 4,80 €
Tipp: Wandle vor dem Multiplizieren bzw. Dividieren erst in Cent um. Ein Überschlag zeigt dir, ob du richtig gerechnet hast oder das Komma richtig gesetzt hast. Bearbeite auf S. 103, Nr. 4 und auf S. 104, Nr. 12 und 13.

3 Ein Mehlwurm kostet 1,5 ct (300 ct : 200).
3 · 150 Würmer = 450 Würmer
Überschlag: 450 · 2 ct = 900 ct = 9 €
Rechnung: 450 · 1,5 ct = 675 ct = 6,75 €
Nadine muss monatlich 6,75 € bezahlen.
Tipp: Wandle vor dem Multiplizieren bzw. Dividieren erst in Cent um. Bearbeite auf S. 103, Nr. 4 und S. 104, Nr. 12 und 13.

4 a) 3,045 kg Salz
b) 0,375 l Sahne ($\frac{1}{8}$ g = 0,125 l)
c) 9,008 t Korn (1 kg = 0,001 t)
Bearbeite auf S. 109, Nr. 4 bis 6 und auf S. 110, Nr. 12.

Lösungen

[einfach]

5 Der Füller wiegt ungefähr 10 g, das Ei 60 g und ein Eimer Wasser 10 kg.
Bearbeite auf S. 108, A1 und A2.

6 a) $1^2 = 1 \cdot 1 = 1$; $2^2 = 2 \cdot 2 = 4$; $3^2 = 3 \cdot 3 = 9$; $4^2 = 16$; $5^2 = 25$; $6^2 = 36$
b) z. B.

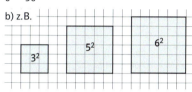

Bearbeite auf S. 116, A5.

[mittel]

5 Die Vergleichsgrößen können individuell verschieden sein.
Beispiel: 1 „normale" Tafel Schokolade wiegt 100 g; etwa genauso viel wiegt 1 CD mit Hülle, ein kleiner Jogurt, eine kleine Seife.
Bearbeite auf S. 108, A2 und auf S. 109, A3.

6 a) $7^2 = 7 \cdot 7 = 49$; $8^2 = 8 \cdot 8 = 64$; $9^2 = 9 \cdot 9 = 81$; $10^2 = 100$; $11^2 = 121$; $12^2 = 144$
b) z. B.

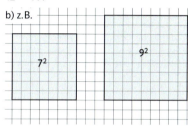

Bearbeite auf S. 116, A5.

[schwieriger]

5 Mögliche Strategie: Man zählt zunächst die Anzahl der Zeilen auf dieser Seite: 34 Zeilen. Dann zählt man die Anzahl der Buchstaben und Ziffern auf einer Zeile: ca. 80. Dann multipliziert man die Anzahl der Zeilen mit der Anzahl der Buchstaben/Ziffern pro Zeile: $80 \cdot 34 = 2720$.
Es gibt also auf dieser Seite ungefähr 2700 Buchstaben und Ziffern.
Bearbeite auf S. 113, A5 und A7.

6 a) $3^3 = 27$; $13^2 = 169$; $4^3 = 64$; $10^4 = 10\,000$; $5^3 = 125$; $2^5 = 32$
b) $144 = 12^2$; $1600 = 40^2$; $32 = 2^5$; $64 = 8^2$ oder $64 = 4^3$ oder $64 = 2^6$
Tipp: Wenn du die Potenzwerte in b) mit den Potenzen in a) vergleichst, kannst du leicht die zugehörige Potenzschreibweise finden.
Bearbeite auf S. 115, A1 und A2 und auf S. 116, A7.

Test Seite 140

1 Bestimme die Eckpunkte durch Auszählen der Kästchen. Punkt und Spiegelpunkt haben denselben Abstand zur Symmetrieachse.

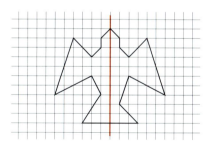

Siehe dazu S. 125.

1 Bestimme die Eckpunkte durch Auszählen der Kästchen. Punkt und Spiegelpunkt haben denselben Abstand zur Symmetrieachse (Achtung! Die Symmetrieachse liegt diagonal).

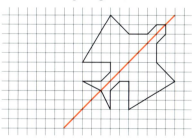

Tipp: Du kannst den Abstand mit dem Geodreieck nachprüfen (siehe S. 127, Kasten).
Bearbeite auf S. 128, A15 und A16.

1 Hier kannst du exakt nur mithilfe des Geodreiecks spiegeln (S. 127, Kasten).

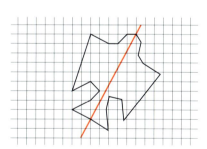

Bearbeite auf S. 128, A17.

Lösungen

[einfach]

2 Verschiebungsvorschrift: 6 nach rechts

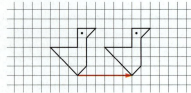

Tipp: Jeder einzelne Punkt muss um gleich viele Kästchen nach rechts verschoben werden.
Bearbeite auf S. 130, Nr. 3.

3 Punkt und gedrehter Punkt liegen auf einer Geraden durch Z und haben denselben Abstand zu Z.

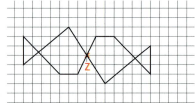

Tipp: Zeichne eine Hilfsgerade durch Z ein und bestimme durch Abzählen den gedrehten Punkt.
Bearbeite auf S. 134, Nr. 3.

4 Der Spirale liegt die Zahlenfolge 1; 2; 3; 4; 5; 6; 7; 8; … zugrunde.

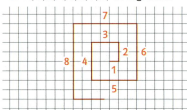

Tipp: Zähle die Kästchen in jeder Windung deiner Spiralen von innen nach außen. Die Zahlenfolgen müssen mit denen der abgebildeten Lösungen übereinstimmen. Bearbeite auf S. 136, Nr. 1.

[mittel]

2 Verschiebungsvorschrift: 8 nach links

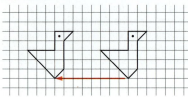

Tipp: Jeder einzelne Punkt muss um gleich viele Kästchen nach links verschoben werden.
Bearbeite auf S. 131, Nr. 6b.

3 Punkt und gedrehter Punkt liegen auf einer Geraden durch Z und haben denselben Abstand zu Z.

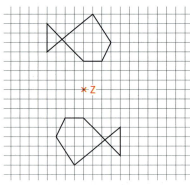

Tipp: Zeichne eine Hilfsgerade durch Z ein und bestimme durch Abzählen den gedrehten Punkt. Überprüfe deine Zeichnung mit dem Geodreieck (siehe S. 133, Kasten). Bearbeite auf S. 134, Nr. 3.

4 Der Spirale liegt die Zahlenfolge 1; 1; 2; 2; 3; 3; 4; 4; 5; 5; 6; 6; … zugrunde.

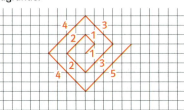

Tipp: Zähle die Kästchen in jeder Windung deiner Spiralen von innen nach außen. Die Zahlenfolgen müssen mit denen der abgebildeten Lösungen übereinstimmen. Bearbeite auf S. 136, Nr. 4.

[schwieriger]

2 Verschiebungsvorschrift: 4 nach links und 4 nach unten.

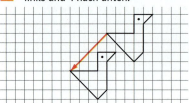

Tipp: Jeder einzelne Punkt muss um gleich viele Kästchen in die angegebene Richtung verschoben werden.
Bearbeite auf S. 131, Nr. 8.

3 Hier kannst du nur mithilfe des Geodreiecks drehen.

Tipp: Lege das Geodreieck so an, dass Z an der 0-Markierung anliegt. Punkt und gedrehter Punkt haben denselben Abstand zu Z (siehe S. 133, Kasten).
Bearbeite auf S. 134, Nr. 3.

4 Der Spirale liegt die Folge 1; 2; 3; 5; 8; 13; … zugrunde.

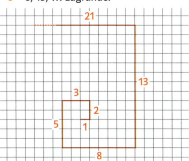

Tipp: Man erhält die neue Zahl der Zahlenfolge, indem man die zwei vorhergehenden Zahlen addiert.
Bearbeite auf S. 136, Nr. 3.

Stichwortverzeichnis

Abakus 149
abrunden 14
Abstand 85, 181
Achsensymmetrie 123
addieren 57, 161
– schriftliches 164
Anschaffungskosten 98
Assoziativgesetz 161, 168
aufrunden 14
aufteilen 27
ausklammern 172
ausmultiplizieren 172
ausprobieren 22
Auswertung 8, 72
auszählen 125

Balkendiagramm 12
Bandornament 129
basteln
– Bruchstreifen 36
– Schachtel 84
– Blätter und Blüten 122
– Bandornament 129
– Grußkarte 132
– Windmühle 132
Befragung 8
Bilddiagramm 12
Bruch 30
Bruchstreifen 36
Bruchstrich 32
Bruchteil 30, 56, 110

Cent 100

darstellen
– Befragung 9
– Schulweg 68
Dezimeter 35, 54
Diagramm 12
Differenz 161, 172
Distributivgesetz 172
Dividend 168

dividieren 168
– schriftliches 176
Division 168
Divisor 168
Dreieck 78

Ebenensymmetrie 124
Ecke 77
Entfernung 52, 68, 181
Ernährung von Tieren 106, 118
Euklid 181
Euler, Leonhard 79
Euro 100

Fahrplan 62
Faktor 168
Fingerzahl 142
Fläche 77
Fragebogen 8
Fuß 56

Geburtstagskalender 20
Geld 100
Geodreieck 85, 89, 127, 133
Geometrie 181
Geometriebaukasten 80
Gerade 86, 181
Geschwindigkeit 69, 111
Gewicht 109
Gitternetz 50
gleichwertig 37
Gramm 109
Größe bestimmen 17
Grundzahl 115

Haltungskosten 99
Häufigkeit 10
Hochwert 51, 115

Jahr 21

Kalender 23
Kante 77
Kantenmodell 86
Kegel 77
Keilschrift 144
Kilogramm 109
Kilometer 54
Knoten 56
Kommaschreibweise 55, 108
Kommutativgesetz 161, 168
Koordinate 51
Koordinatensystem 51
Kopfgeometrie 83
Körper 77
Körpermodell 80
Körpernetz 81
Kreis 78
Kugel 77

Länge 54
Linie 85
Linienbrett 148

Mark 102
Maßeinheit 21
Median 18
Meerestiere 137
Meter 54
Milligramm 109
Millimeter 35, 54
Minuend 161
Minute 64
Modell 80, 123
Monat 21
Mondjahr 24
multiplizieren 168
– mit Fingern 152
– schriftliches 176

Nährungswert 112
Nenner 32
Neper, John 150
Netz 81
Null 145

193

Stichwortverzeichnis

parallel 85
Parallelogramm 89
Parallelverschiebung 130
Pfennig 102
Pferdehaltung 117
Potenz 115
potenzieren 115
präsentieren 11
Preis 100, 107
Prisma 77
Probe 57, 103, 168
Produkt 168
Prozent 41
Punkt 181
Punktrechnung 172
Punktsymmetrie 133
Pyramide 77

Quader 77
Quadrat 78, 89
Quadratzahl 116

Rangliste 18
Raute 89
Rechengesetz 161
Rechenstäbe 150
rechnen
– mit Längen 57
– mit Geldbeträgen 103
– mit Linienbrett 148
– mit Rechenstäben 150
– mit Klammern 161, 172
Rechteck 78, 89
Rechtswert 51
Reichsmark 102
Ries, Adam 148
runden 14, 16, 158
Rundungsstelle 14, 158

Säulendiagramm 12
schätzen 112
Schaubild 70

Schnittpunkt 181
Schrägbild 92
Schulweg 71
Sechseck 78
Sekunde 64
senkrecht 85, 181
Somawürfel 94
Sonnenuhr 65
Spannweite 18
Spirale 136
Stadtplan 50
Steckbrief 8
Stellenwertsystem 158
Stellenwerttafel 55, 108
Strecke 86, 181
Strichliste 10
Strichrechnung 172
Stufenzahl 158
Stunde 64
Subtrahend 161
subtrahieren 57, 161
– schriftliches 164
Summand 161
Summe 161, 172
Symmetrieachse 123
Symmetriepunkt 133

Tag 21, 64
teilen 60, 103
Tischverteilung 35
Tonne 109

überschlagen 58
Überschlagsrechnung 101, 164, 176
Übertrag 164
Urliste 10

Verbindungsgesetz 161, 168
vergleichen
– von Brüchen 37
– von Größen 111
Vergleichsgröße 112

Verkehrszählung 72
Verpackung 76
Vertauschungsgesetz 161, 168
verteilen 28
Verteilungsgesetz 172
vervielfachen 59, 103

Wandzeitung 29
Weg-Zeit-Diagramm 69
Woche 21
Würfel 77
Würfelspiel 156

Yard 56

Zahl 158
– runden 14, 16
– darstellen 14
– entdecken 141
– römische 146
– magische 154
– natürliche 158
Zahlenfolge 136, 153
Zahlenstrahl 40
Zahlensystem 143
Zähler 32
Zauberquadrat 154
zeichnen
– Diagramm 15
– achsensymmetrisch 125
– punktsymmetrisch 133
– Verpackung 91
Zeitpunkt 67
Zeitspanne 66
Zentimeter 35, 54
Zentralwert 18
Ziffer 142, 158
Zoll 56
Zylinder 77